Valens Tujyinama

Atitudes, envolvimento e desempenho dos alunos em relação à Física, Ruanda

Valens Tujyinama

Atitudes, envolvimento e desempenho dos alunos em relação à Física, Ruanda

Avaliar o impacto das atitudes dos alunos no seu empenho e desempenho em Física na escola secundária de Rwamagana, Ruanda

ScienciaScripts

Cover image: www.ingimage.com

This book is a translation from the original published under ISBN 978-620-7-47551-3.

Publisher:
Sciencia Scripts
is a trademark of
Dodo Books Indian Ocean Ltd. and OmniScriptum S.R.L publishing group

120 High Road, East Finchley, London, N2 9ED, United Kingdom
Str. Armeneasca 28/1, office 1, Chisinau MD-2012, Republic of Moldova, Europe
Printed at: see last page
ISBN: 978-620-8-13091-6

DEDICAÇÃO

Este trabalho é dedicado aos meus pais, Daphrose Akimanizanye e Venant Bosenibo, e ao meu amigo Vincent Kabarira, que me fizeram passar por muito stress e desconforto ao escrever esta dissertação durante o tempo em que estive ausente

RECONHECIMENTO

Antes de mais, a minha gratidão vai para Deus Todo-Poderoso por me ter dado a graça de suportar todos os desafios enfrentados durante o meu período de estudos. Quero agradecer ao Centro Africano de Excelência em Ensino e Aprendizagem Inovadores de Matemática e Ciências, Universidade do Ruanda-Faculdade de Educação (ACEITLMS & UR-CE) pela sua gentileza em dar-me a oportunidade de prosseguir os meus estudos nesta instituição.

Gostaria de exprimir a minha gratidão ao meu supervisor, Dr. Celestin Ntivuguruzwa, pelos seus esforços cumulativos, orientação e indicações durante todo o meu período de investigação e redação da dissertação. Além disso, exprimo os meus agradecimentos especiais aos professores universitários Assoc Prof Pheneas Nkundabakura, Assoc Prof Jean Uwamahoro, e Assoc Prof Lakhan Lal Yadav pela sua orientação na aprendizagem dos módulos de Física e pelo seu papel na integração do meu nível de conhecimento e confiança na disciplina de Física.

Um agradecimento especial aos meus pais pelo seu amor, orações, carinho e sacrifícios que fizeram pela minha educação. Gostaria de expressar a minha gratidão à minha irmã e aos meus irmãos pelo seu apoio e orações valiosas para que eu pudesse completar a minha educação.

Gostaria de expressar os meus agradecimentos especiais aos meus colegas de turma pelo seu encorajamento e apoio contínuo ao longo do meu período de estudo.

Por último, muito obrigado a todas as pessoas que me apoiaram direta e indiretamente para concluir este nível de ensino e esta dissertação.

Deus é espetacular.

RESUMO

O principal objetivo da educação no Ruanda é promover o crescimento intelectual, satisfazer as necessidades sociais, fazer avançar a economia do país e preparar os alunos para empregos profissionais. O presente estudo avalia o impacto da atitude dos alunos no seu empenhamento e desempenho em física nas escolas secundárias do distrito de Rwamagana. O estudo adoptou uma conceção qualitativa. Para atingir os objectivos do estudo, foi utilizado um método de amostragem intencional para selecionar os participantes e as escolas onde este estudo foi realizado. Os participantes eram 234 alunos, 7 professores de física e 4 directores de estudos (DOS) de quatro escolas secundárias situadas no distrito de Rwamagana, no Ruanda. Com base nas variáveis independentes e dependentes incorporadas nesta investigação, foi concebida uma entrevista de resposta fechada ou fixa, que foi administrada aos alunos do terceiro ano, aos professores de física e aos directores de estudos para a recolha de dados. Foi utilizado um programa informático SPSS versão 20 para analisar os dados recolhidos. Foram obtidas tabelas de frequências e percentagens. A interpretação, discussão e conclusão do estudo basearam-se nas estatísticas obtidas a partir dos resultados do estudo. Através dos resultados do estudo, verificou-se que os alunos precisam de trabalhar arduamente, de se esforçar e de fazer actividades extra para o ensino da Física. A maioria dos alunos está interessada e motivada para aprender física, o que mostra que os alunos que frequentam regularmente as aulas e se envolvem em actividades de ensino e aprendizagem das matérias conduzirão à criação de uma atitude positiva nos alunos em relação às matérias. O presente estudo sugere que os professores e outros intervenientes na educação devem controlar a formação da atitude em relação à disciplina desde cedo, utilizando os métodos de ensino adequados à disciplina que está a ser leccionada, utilizando as estratégias de ensino para aumentar e controlar o interesse, a motivação e a vontade dos alunos, discutindo a importância da disciplina de física, associando-a a aplicações do mundo real, à resolução de problemas do mundo real e a aplicações profissionais, e observando a realidade de como os conhecimentos e as competências em física são aplicáveis em situações da vida real. Além disso, salienta que os alunos precisam de ser frequentemente lembrados da importância da disciplina de física, aumentando a sua motivação para a disciplina, e precisam de trabalhar arduamente e fazer actividades extra para melhorar o seu empenho e desempenho na disciplina. Professores de física e outras partes interessadas na educação. Estas actividades são realizadas para melhorar o seu empenho e desempenho na disciplina.

RESUMO

ÍNDICE DE CONTEÚDOS

DEDICAÇÃO 1

RECONHECIMENTO 2

RESUMO 3

LISTA DE ABREVIATURAS 6

CAPÍTULO 1: INTRODUÇÃO 7

CAPÍTULO 2: REVISÃO DA LITERATURA 14

CAPÍTULO 3: METODOLOGIA DE INVESTIGAÇÃO 29

CAPÍTULO 4: APRESENTAÇÃO DOS RESULTADOS 35

CAPÍTULO 5: DEBATES, CONCLUSÕES E RECOMENDAÇÕES 59

REFERÊNCIAS 63

Apêndices 70

LISTA DE ABREVIATURAS

ACEITLMS: Centro Africano de Excelência para o Ensino e Aprendizagem Inovadores da Matemática e das Ciências

DOS: Diretor de Estudos

PESD: Programa de Desenvolvimento do Sector da Educação

MHRDGI: Ministério dos Recursos Humanos do Desenvolvimento do Governo da Índia

MINEDUC: Ministério da Educação

REB: Conselho de Educação do Ruanda

SDG4: Objetivo de Desenvolvimento Sustentável 4

SLT: Teoria da Aprendizagem Social

SPSS: Pacote Estatístico para as Ciências Sociais

STEM: Ciência, Tecnologia, Engenharia e Matemática

UR-CE: Universidade do Ruanda - Faculdade de Educação

CAPÍTULO 1: INTRODUÇÃO

1.1. Contexto do estudo

A educação global, tal como representada no ODS 4 para o desenvolvimento sustentável, sublinha a necessidade de garantir uma educação de qualidade inclusiva e equitativa e de incentivar oportunidades de aprendizagem ao longo da vida para todas as pessoas no mundo moderno. A educação evoluiu para uma ferramenta para a realização das aspirações de cada um (Leal Filho, 2018). A educação desempenha um papel importante no desenvolvimento do potencial humano para si mesmo, estabelecendo uma sociedade mais igualitária e promovendo o progresso nacional. A educação universal de alta qualidade parece ser a abordagem mais eficaz para estimular o crescimento e maximizar os recursos de um país, e é benéfica para os indivíduos, a sociedade e o mundo (MHRDGDI, 2020). A visão do Ruanda para 2050 consiste em reforçar as capacidades humanas para o desenvolvimento socioeconómico (MINEDUC, 2018). Este objetivo consiste em incentivar os ruandeses a avaliar a educação a todos os níveis, melhorar a qualidade da educação e ligar a educação às necessidades do mercado de trabalho. No Ruanda, a educação serve para promover o crescimento intelectual, satisfazer as necessidades sociais, fazer progredir a economia do país, criar uma força de trabalho qualificada e preparar os alunos para um emprego ou um percurso profissional para os cidadãos ruandeses. De acordo com o ESDP (2010)é importante concentrar-se nas questões de qualidade da educação em geral, bem como nos contributos e processos que contribuem para a melhoria da aprendizagem dos alunos e ajudam a transformar a escola num verdadeiro ambiente de aprendizagem.

De acordo com Reddy (2017)os alunos devem ter todas as informações e competências necessárias, bem como competências de análise crítica e de pensamento crítico, que lhes permitam aprender física como disciplina científica. A física é importante porque prepara os estudantes para carreiras em eletrónica, engenharia mecânica, engenharia eléctrica, engenharia civil, construção, informação, ótica, laser, design, engenharia de aplicações, professores de física do ensino secundário, analistas de dados, consultores de TI, técnicos de laboratório, tecnologia de comunicação e outros domínios em que os conceitos de física são aplicados em situações da vida real (Kural Mehmet, 2016). A física ensina competências e informações necessárias para o desenvolvimento de teorias e leis. Ajuda a explicar os acontecimentos naturais com que os seres humanos se deparam diariamente. As pessoas com conhecimentos e competências em física podem explicar processos físicos como relâmpagos, eletromagnetismo, arco-íris, corpos em queda livre, a galáxia e as suas implicações, etc. (Marg, 2013). As leis e os princípios da Física permitem que os indivíduos superem os efeitos causados por estas ocorrências nos seres humanos.

Por outro lado, fornece soluções para os desafios que as pessoas enfrentam na nossa sociedade moderna, os conhecimentos e as capacidades adquiridos através dos estudos de Física permitem que as pessoas sejam criativas e imaginativas e ajudam os estudantes a desenvolver métodos independentes para resolver problemas da vida quotidiana (Veloo, 2015). Como resultado, os estudantes aprendem os princípios e teorias da física que controlam todos os acontecimentos naturais observáveis no universo através das aulas de física (Ibrahim, 2019).

Os estudantes devem ter uma atitude positiva em relação à melhoria do seu desempenho académico no ensino da Física. Por conseguinte, o desempenho dos estudantes será o resultado dos seus pontos fortes no ensino da Física (Mbonyiryivuze, 2021). Este estudo centrar-se-á na avaliação dos aspectos da atitude positiva dos estudantes do ensino secundário inferior, bem como no seu impacto no empenho académico e no desempenho na disciplina de física.

A Física é uma das disciplinas básicas das ciências ensinadas há muitos anos, e era considerada uma disciplina difícil devido aos vários conceitos matemáticos, teorias, fórmulas e leis da física que a regem na natureza. De acordo com Erinosho (2013)"*A Física é definida como uma disciplina que exige que os estudantes empreguem uma variedade de conhecimentos e a capacidade de utilizar a álgebra e a geometria e de passar do específico para o geral e vice-versa"*. Este facto torna a aprendizagem da física particularmente difícil para qualquer estudante.

Uma atitude é uma condição psicológica que determina a forma como se responde a um estímulo, sob a forma de ação ou comportamento (Ajzen Icek, 2000). Existem dois tipos de atitudes: aceitação (atitudes positivas) e rejeição (atitudes negativas) de um objeto (Saputra et al., 2020). Outros investigadores definiram a atitude de uma pessoa como um juízo de probabilidade que pode levá-la a fazer algo ou a tomar uma ação específica. A força da intenção de um indivíduo pode ser medida pela probabilidade de a pessoa fazer ou se envolver numa determinada atividade, e a substância que está contida na intenção de um indivíduo pode ser observada como o seu comportamento (Motanya, 2018). Por conseguinte, existem três componentes da atitude:

a) *A componente afectiva* é o segmento emocional ou de sentimento de uma atitude. Está relacionada com a afirmação que afecta outra pessoa. Envolve os sentimentos e as emoções de uma pessoa. Trata-se de sentimentos ou emoções que são trazidos à superfície em relação a algo, como o medo ou o ódio (iEduNote, 2022).

b) *A componente comportamental de uma atitude* consiste nas tendências de uma pessoa para se comportar de uma determinada forma em relação a um objeto. Refere-se à parte da atitude que reflecte a intenção de uma pessoa a curto ou a longo prazo (iEduNote, 2022).

c) *A componente cognitiva das atitudes* refere-se às crenças, pensamentos e atributos que uma pessoa associa a um objeto. É o segmento de opinião ou crença de uma atitude. Refere-se à parte da atitude que está relacionada com o conhecimento geral de uma pessoa (Damianus Abun, 2019).

Uma atitude positiva "*é um estado de espírito que se concentra no bem e no potencial das coisas, situações e pessoas. Uma atitude positiva tende a ser mais produtiva. É possível lidar com pessoas, situações e ambientes negativos com uma atitude positiva*" (Spacey, 2021). Por conseguinte, um estudante com uma atitude positiva tende a ter sempre uma perspetiva entusiasta e esperançosa da vida. No entanto, acredita-se que a atitude muda em resultado da experiência, pelo que mesmo alguém com uma atitude normalmente negativa pode melhorar. Em geral, as pessoas que têm uma atitude positiva são pessoas felizes que pensam que são responsáveis por coisas boas e que as coisas boas geralmente virão no seu caminho (Kabil, 2018).

De acordo com Audas e Willms (2002)o envolvimento refere-se à participação ativa de um aluno em actividades académicas e extracurriculares, bem como à sua identificação com a escola e todos os seus componentes, incluindo as suas crenças, normas e regras sociais. Newman (1992)definiu o conceito de empenhamento psicológico, sugerindo que o empenhamento do estudante se refere aos seus esforços psicológicos para aprender, ser capaz de compreender ou dominar os conhecimentos, as competências ou os ofícios que o trabalho nas aulas deve promover. Pode também referir-se à emoção psicológica necessária para dominar e compreender plenamente os conhecimentos, as competências e os ofícios que são explicitamente ensinados nas instituições académicas (Wehlage, 1989).

Os objectivos gerais do estudo consistiam em avaliar o impacto das atitudes dos alunos no seu empenho e desempenho em algumas escolas públicas e semi-públicas do distrito de Rwamagana - província oriental, Ruanda. O estudo revelará a influência da atitude do aluno no seu empenhamento e desempenho. Os dados demográficos foram obtidos ao nível da escola para definir as características do local. Além disso, foram utilizados na elaboração de recomendações para melhorar o empenho académico dos alunos e o seu desempenho académico.

1.2. Enunciado do problema e motivação do estudo

O empenho passivo dos alunos e o seu fraco desempenho têm sido associados a uma atitude negativa em relação à disciplina de Física. Os alunos continuam a fazê-lo de forma inadequada devido à falta de motivação, vontade e paciência necessárias para aprender e realizar tarefas associadas relacionadas com a matéria que estão a aprender (Langat, 2015). Muitos alunos dos níveis mais baixos chumbam nos testes ou exames na sala de aula. Este insucesso é atribuído a atitudes negativas, a um fraco nível de empenhamento, à falta de interesse e de motivação dos alunos em relação à disciplina de física. A atitude dos alunos tem um impacto no seu desempenho, bem como no seu empenhamento (Rabin, 2021). Vários estudos sobre o desempenho dos alunos indicaram que o baixo desempenho está relacionado com a atitude negativa dos alunos em relação à disciplina de física. Assim, devido ao número muito reduzido de estudantes inscritos em ciências e matemática de nível avançado como combinações principais no Ruanda, um investigador estava ansioso por avaliar se existe uma relação significativa entre as atitudes dos estudantes e o seu empenho e desempenho na disciplina de física. Por conseguinte, no plano estratégico do sector da educação do Ruanda, foi recolhido um resumo do número de alunos matriculados no ensino primário, no ensino secundário inferior e no ensino secundário superior de 2018, 2019 e 2020, que foi apresentado da seguinte forma:

Tabela 1. Este quadro mostra o número de estudantes matriculados em disciplinas de ciências nas escolas secundárias de nível inferior a superior no Ruanda em 2018, 2019 e 2020.

Artigos/anos	2018		2019		2020	
Frequência e percentagem	№	%	№	%	№	%
Número total de estudantes inscritos no ensino secundário inferior	422093	47.7	481138	53.0	521631	57.1
O número total de estudantes inscritos no ensino secundário superior	236192	55.9	250966	52.2	171994	32.9
O número de alunos matriculados em escolas secundárias superiores no 4º ano	60842	25.8	26368	10.5	65486	38.1
Número total de estudantes STEM no ensino secundário superior	14056	58.7	146317	58.3	143950	55.1
O número total de estudantes inscritos em combinações de ciências	84671	3.58	90567	3.60	92405	5.37

Dados de fontes secundárias

A Tabela 1 apresenta um resumo dos números de alunos matriculados em disciplinas de ciências do ensino secundário inferior e superior e STEM desde 2018, 2019 e 2020, em que **N** representa o número de alunos e **%** representa a frequência do número de alunos matriculados do ensino secundário inferior para o ensino secundário superior (MINEDUC (2018), MINEDUC (2019), MINEDUC (2020)). Este fator está associado a um fraco desempenho nas disciplinas de ciências no final dos três exames nacionais do último ano, particularmente em Física. Por conseguinte, um investigador está ansioso por realizar este estudo, avaliando as atitudes dos alunos relacionadas com o seu empenho, bem como o seu desempenho na disciplina no ensino secundário inferior.

A atitude dos alunos e a sua relação com o seu empenho e desempenho não foram adequadamente estudadas no Ruanda, e mais ainda nos distritos de Ruamagana, no que respeita à disciplina de física. Por conseguinte, este estudo procurou avaliar o impacto das atitudes dos alunos no seu empenho e desempenho na disciplina de física em três escolas do ensino secundário inferior nos distritos de Ruamagana.

1.3. Objetivo do estudo

O objetivo geral do estudo era avaliar o impacto das atitudes dos alunos no seu empenho e desempenho na disciplina de Física.

Em conformidade com os objectivos gerais, são definidos os seguintes objectivos específicos:

1. Identificar a atitude dos alunos em relação à Física nas escolas secundárias públicas e semi-públicas.
2. Avaliar o impacto das atitudes dos alunos no seu empenho e desempenho em Física; e
3. Procurar recomendações sobre a forma de melhorar o empenho e o desempenho dos estudantes através do controlo da formação de atitudes.

1.4. Questões de estudo

As questões de estudo são orientadas pelas seguintes perguntas:

1. Qual é a atitude positiva dos alunos do ensino secundário inferior em relação à disciplina de física?
2. Quais são os impactos das atitudes positivas no empenho e no desempenho dos alunos na disciplina de física? e
3. De que forma é que uma atitude positiva pode ser influenciada para melhorar o empenho e o desempenho dos alunos em física?

1.5. A importância do estudo

Por muitas razões, este estudo é significativo. Para começar, serviu para avaliar o impacto das atitudes dos alunos no seu empenho e desempenho na disciplina de física no ensino secundário inferior no distrito de Rwamagana. medida que os interesses dos alunos aumentam, o seu desempenho nas disciplinas de física também melhora. Este estudo foi efectuado com o objetivo de ajudar os professores a recuperar as possibilidades de os alunos participarem nas aulas de física. Este estudo serviu também para motivar os alunos a organizarem-se e a reconhecerem o seu papel na sua autoeducação. Como resultado, os professores devem criar um ambiente propício à aprendizagem. Como corolário, os professores devem criar um ambiente propício à melhoria das características positivas dos alunos em relação à disciplina de física, quando estudam ciências ou uma disciplina relacionada com as ciências, como a física (Ibrahim et al., 2019). Uma atitude positiva inspira os alunos a se esforçarem mais, resultando em boas realizações em física, permitindo que a física seja avaliada para aprender. Além disso, aqueles que estão interessados em realizar estudos adicionais podem usar este material como um trampolim.

CAPÍTULO 2: REVISÃO DA LITERATURA

2.1. Introdução

O objetivo desta secção é analisar a literatura relevante sobre as atitudes dos estudantes, o seu envolvimento e o seu desempenho académico no ensino da Física. Este estudo analisa uma vasta gama de resultados de estudos e diferentes perspectivas sobre as atitudes dos estudantes em relação ao ensino da Física. Este estudo destacou um sistema sofisticado de factores interligados que se descobriu afectarem as atitudes, o empenho académico e o desempenho dos estudantes. Os investigadores tentam compreender a atitude dos estudantes em relação a diferentes contextos e a forma como esta se relaciona com o seu desempenho académico. Vários investigadores destacaram a atitude como um fator essencial a ter em consideração (Boyuk (2011), Langat (2015), Ibrahim (2019)).

Além disso, esta secção destaca uma revisão da literatura sobre a formação de atitudes, o desenvolvimento de atitudes, o empenho e o desempenho académicos, a capacidade e a competência dos alunos em relação à disciplina de Física, os esforços e os comportamentos dos alunos em relação à Física, o desempenho e as classificações anteriores dos alunos e outros factores que podem influenciar o empenho e o desempenho académicos dos alunos.

2.2. Formação de atitudes em relação à aprendizagem.

A aprendizagem cooperativa foi implementada por Akingbola (2009) para melhorar as atitudes dos alunos relativamente à aprendizagem da disciplina de física. Em contraste com aqueles que foram ensinados utilizando estratégias competitivas e individualistas, descobriu que os alunos que foram ensinados utilizando estratégias cooperativas tinham uma atitude mais positiva em relação à física. A aprendizagem ativa foi escolhida por Marusic (2012) para melhorar as atitudes dos alunos em relação à física. Ambos os grupos da experiência mostraram uma mudança na sua atitude na direção certa. Diferentes estudos mostraram que as atitudes dos alunos se formaram devido às estratégias de ensino utilizadas nas aulas de física.

As pessoas com atitudes positivas fazem com que as coisas aconteçam, são mais felizes do que as pessoas com atitudes negativas e tornam-se membros bem sucedidos na sala de aula, podendo facilitar a resolução dos problemas da vida e o trabalho (Boyuk, 2011). **Toda a** gente tem fraquezas e defeitos, é um aspeto fundamental da natureza humana, por isso, aceitar que não será bem sucedido em tudo o que tentar é o primeiro passo para adquirir uma atitude positiva. Perceber que cometer erros cria oportunidades maravilhosas para continuar a mudar para melhor. Uma pessoa com uma boa atitude vê o mundo como um todo e não como uma coleção de peças diferentes, e lida com as dificuldades da vida de uma forma estruturada, devido às actividades contínuas que pratica. Essa pessoa tem determinados sentimentos, pensamentos e comportamentos.

Existem diferentes formas através das quais os alunos adquirem e desenvolvem as suas atitudes. Algumas delas são mencionadas a seguir:

Interesse dos estudantes pelo ensino da física

O interesse pode ser definido como um sentimento de curiosidade ou preocupação em relação a algo que chama a atenção (Dicionário, 2004). O nosso mundo está a tornar-se cada vez mais dependente da física e está a progredir com os desenvolvimentos da investigação científica. À medida que a tecnologia se desenvolve, começamos a compreender as origens e o destino do universo e a aprender coisas novas e inovadoras sobre as interacções das partículas quânticas. Infelizmente, são cada vez menos os estudantes que optam por uma licenciatura em Física, o que está a causar um declínio na compreensão pública dos conhecimentos científicos (Awodun, 2014).

De acordo com a investigação, os alunos que se interessam pela física aprenderão a disciplina de forma mais eficaz e optarão também por estudar física no ensino secundário (Jari Lavonen, 2012). Devido à ideia errada dos alunos de que a física é uma disciplina difícil, verificou-se que os alunos demonstravam pouco interesse pela disciplina, o que tinha um impacto na sua inscrição, empenho e desempenho académicos (Bamidele, 2004). Os investigadores descobriram numerosas variáveis que afectam potencialmente o interesse dos estudantes pela Física. Por exemplo, num estudo sobre os aspectos estruturais e dinâmicos do desenvolvimento do interesse, os investigadores descobriram uma diminuição significativa do interesse pela Física à medida que os alunos avançam no ensino secundário (Krapp, 2002). Tal como Bennet, a investigação sobre as atitudes e os interesses dos estudantes em física refere-se principalmente às décadas de 1960 e 1970. No entanto, continuam por resolver questões fundamentais, tais como a forma de melhorar as atitudes dos estudantes em relação à física e de incentivar o seu interesse por este domínio (Bennett, 2003).

Esiobu (2005)(2005), afirma que a compreensão dos alunos sobre a física é construída nos primeiros anos do ensino secundário e perde qualidade ao longo do tempo. O facto de tão poucas pessoas admitirem que ensinam e aprendem física é um fator que contribui para a falta de familiaridade geral com a física. Além disso, uma reação positiva à ciência "leva a um compromisso favorável com a ciência que influencia o interesse e a aprendizagem da ciência ao longo da vida". Esta é uma das razões pelas quais as principais iniciativas de reforma no domínio da educação científica têm colocado uma forte ênfase na transformação das atitudes dos alunos (Science, 1990).

Pressão dos colegas dos alunos

A pressão dos pares é "*a influência de outras pessoas para agir de uma determinada forma*" (Beniwall, 2017).. A pressão dos pares é um problema muito importante que muitos adolescentes enfrentam no mundo atual. É um período típico de desenvolvimento. A pressão social é essencialmente o que é a pressão dos pares. Pode vir de colegas de trabalho, amigos ou membros da família. A pressão dos pares é quando os amigos ou colegas de turma tentam convencer os outros a fazer algo que não lhes é próprio. A pressão dos pares é a influência direta dos pares sobre os indivíduos, que são influenciados a mudar o seu comportamento, valores e conduta para seguir os seus pares. A pressão dos pares é especialmente importante quando uma pessoa é "adolescente". Tanto a pressão positiva como a negativa dos pares são possíveis.

A questão da capacidade (ou incapacidade) dos pais de influenciar as escolhas e decisões dos filhos colide diretamente com a influência dos pares dos filhos quando se trata de pressão dos pares, um pesadelo comum para muitos pais (João Guassi Moreira, 2018). Na maioria das vezes, a pressão dos pares está associada a comportamentos desafiantes ou problemáticos, mas é importante lembrar que a pressão dos pares está intrinsecamente ligada ao desenvolvimento do sentido único de si e da identidade dos adolescentes. No início da vida, este processo começa e nunca termina realmente. Mesmo que uma pessoa não esteja informada disso, o facto de passar tempo com os seus pares pode influenciar a sua vida. As pessoas aprendem tanto com elas como com os seus pares. Normalmente, as pessoas ouvem e recolhem conhecimentos daqueles que lhes são comparáveis em idade. A pressão dos pares leva as pessoas a agirem de forma semelhante às pessoas do mesmo grupo etário e social para ganharem o seu respeito ou semelhanças (Poonam Dhull, 2019).

A pressão dos pares inclui todos os tipos de influência de grupo. A pressão dos pares é o ato de tentar convencer ou encorajar alguém a comportar-se de uma determinada maneira (Rihtaric, 2015). A pressão indireta dos pares é a única forma aceitável de afetar as características ou o comportamento humano. No entanto, por vezes é menos evidente para uma pessoa do que a pressão direta dos pares. Devido às características em desenvolvimento, a pressão do grupo e dos pares é a mais forte para a maioria no início da adolescência. Nessa altura, os jovens estão divididos entre a dependência dos pais e uma maior independência, onde procuram a sua identidade enquanto constroem a sua autoestima.

De acordo com Thomas Kindermann (2018)tanto os académicos como os profissionais têm-se concentrado principalmente nos efeitos negativos da influência dos pares ou do mau comportamento. No entanto, existem dois pontos de vista diferentes sobre a componente das relações entre pares: a) As influências negativas podem resultar em comportamentos que nem os pais nem o público em geral consideram aceitáveis, tais como comportamentos anti-sociais, maus hábitos de trabalho e negligência nas aulas. b) Influência positiva: Apoia os jovens à medida que passam de uma infância dependente e da proteção dos pais para uma maior independência de pensamento e de ação Experiência

A atitude formada devido ao resultado da experiência. Podem ser desenvolvidas em função da experiência direta ou surgir como resultado da observação (Kendra Cherry, 2022).

Aprendizagem

Vejamos como é que a atitude é formada a partir da teoria da aprendizagem do condicionamento clássico. A teoria da aprendizagem do condicionamento clássico é um processo de aprendizagem que associa uma determinada coisa no nosso ambiente a uma previsão do que vai acontecer a seguir (Basri Hassan, 2020).

Condicionamento

Sabe-se que a maioria das pessoas aprende que um determinado comportamento é normalmente seguido de uma recompensa ou de um castigo (Kendra Cherry, 2022). O condicionamento operante defende que um comportamento dependerá de diferentes situações. As pessoas farão repetidamente a mesma atividade devido aos seus benefícios.

Observação

Os alunos aprendem atitudes observando os outros alunos à sua volta. Por exemplo, as crianças pequenas desenvolvem atitudes observando o comportamento dos pais e começam a copiá-los, começando normalmente a mostrar perspectivas semelhantes.

2.3. Possível envolvimento

A formação da atitude dos alunos do ensino secundário inferior em relação à disciplina de física não é fácil, uma vez que muitos investigadores salientaram que a física é uma disciplina difícil. Por conseguinte, todas as partes interessadas na educação, pais, professores e administração escolar devem assegurar a criação de um ambiente de aprendizagem que permita melhorar o empenho e o desempenho académico na disciplina de física. As intervenções que se seguem são necessárias para atitudes e desenvolvimentos positivos em relação à disciplina de física.

2.3.1. Atitude de aprendizagem dos alunos em relação à física

O processo de aprendizagem da ciência deve ser privilegiado em relação à simples aquisição de conhecimentos. As aulas de física devem ser capazes de apresentar um fenómeno comum que possa ensinar e inspirar os alunos a pensar de forma mais crítica e criativa enquanto aprendem sobre ciência. As competências do processo científico são competências adquiridas através de actividades baseadas na ciência (N Diana, 2019). As competências processuais e uma atitude científica são utilizadas no trabalho científico, o que inclui as competências processuais em ciências. Esta é uma técnica útil para a aprendizagem da física, porque melhora simultaneamente os aspectos cognitivos, psicomotores e afectivos da aprendizagem.

Como consequência, os alunos reagem positivamente à disciplina de física e aos seus professores de ciências. Se esta reação estiver associada a uma atitude positiva em relação à Física, isso significa que os alunos que têm uma atitude positiva em relação à disciplina de Física estarão dispostos a participar nas aulas de Física. Isto, por sua vez, leva-os a pensar positivamente e a aumentar o seu nível de desempenho (Lacambra, 2016). Numerosos estudos efectuados por Chieu (2005), e Reeve (2014)descobriram que o envolvimento é um bom preditor da frequência escolar, da conclusão escolar, da resistência e da satisfação com a vida. As mudanças na atenção do aluno nas actividades da aula de física serão conduzidas pelas concepções erradas do aluno. Se os conhecimentos prévios forem transformados em conhecimentos posteriores, o mau desempenho do aluno em física melhora para um bom desempenho. Por conseguinte, os alunos devem ser fortemente envolvidos na conversa.

Assim, a interação entre os conhecimentos, as capacidades, a motivação e as inclinações (desejo) dos alunos é essencial para a aprendizagem auto-regulada. Os alunos trocam ideias de forma enérgica. Uma vez que algumas estratégias de aprendizagem requerem uma quantidade significativa de tempo e esforço para serem implementadas, a motivação dos alunos para aprender, por exemplo, tem uma grande influência na sua escolha de estratégias de aprendizagem (Javier Dı'ez-Palomar, 2022). Existem correlações particularmente fortes entre as abordagens à aprendizagem e o desempenho, de acordo com estudos que analisam a forma como os estudantes regulam a sua aprendizagem e utilizam estratégias eficazes. As atitudes e os comportamentos dos estudantes associados à aprendizagem auto-regulada, como a sua motivação e propensão (tendência) para utilizar determinadas estratégias, também estão associados ao desempenho, embora geralmente de forma menos acentuada. Estas relações são menos directas, mas mais fáceis de medir.

2.3.2. Conhecimentos prévios e experiência dos alunos no ensino da física

O conhecimento prévio é definido por Nkwo (2008) como um objeto dinâmico, multidimensional e hierárquico constituído por vários tipos de conhecimentos e capacidades. Os alunos adquirem conhecimentos ou encontros se associarem novos itens de aprendizagem a conhecimentos prévios já armazenados na sua memória. Os alunos precisam de conhecimentos prévios matemáticos e científicos. Os alunos do nível primário, os resultados da disciplina de ciências e matemática, podem ser utilizados para prever as notas finais (Mc Dowell, 1997). Os investigadores descobriram que os indivíduos que se destacaram nas ciências do ensino básico, com uma forte ênfase nas ciências, têm mais probabilidades de prosseguir as ciências no ensino secundário inferior. Consequentemente, os conhecimentos prévios dos alunos têm um impacto favorável tanto na sua capacidade mental para aplicar as competências cognitivas em competências de pensamento de ordem superior como na sua capacidade para adquirir novos conhecimentos (Dressel, 1998).

A atitude do estudante em relação à experiência de aprendizagem é uma das características dos estudantes que têm um impacto importante na aprendizagem (Altinok, 2004). As atitudes positivas dos estudantes em relação à Física foram positivamente associadas ao seu desempenho académico. A compreensão e o conhecimento dos pontos de vista comuns por parte dos estudantes, bem como o fornecimento de recomendações adicionais para melhorar o desempenho através da modificação de atitudes. Uma vez que uma atitude é implícita, o baixo desempenho e o baixo envolvimento nas aulas de física podem indicar que a mudança de atitude não foi alcançada, mas que é dada prioridade a diferentes factores. A atitude deve continuar a ser uma fonte de preocupação para todas as partes interessadas na educação. Este estudo servirá de referência para investigações adicionais sobre algumas das atitudes dos estudantes em relação à aprendizagem e aos factores que a influenciam. Exige também a criação de esforços educativos para melhorar a atitude e o empenhamento dos alunos, bem como o sistema de apoio aos professores.

2.3.3. Aptidões e competências dos estudantes no ensino da física

De acordo com a teoria social cognitiva, a aprendizagem ocorre quando o observador e os modelos estão intimamente identificados e o observador tem um elevado nível de auto-eficácia (Zhou, 2017). De acordo com Bandura (1973)a auto-eficácia é "*a crença nas capacidades de uma pessoa para organizar e executar o curso de ação necessário para gerir a situação (p.2)*". A auto-eficácia, segundo Bandura e outros investigadores, determina a forma como as pessoas abordam os objectivos, as iniciativas e os desafios. As pessoas com uma forte auto-eficácia sentem que podem ultrapassar dificuldades e recuperar rapidamente de contratempos e desilusões. Os indivíduos com baixa auto-eficácia são inseguros e não acreditam que podem ter um melhor desempenho, pelo que evitam trabalhos difíceis (Zhou, 2017) . Consequentemente, a auto-eficácia desempenha uma influência crítica no comportamento e no desempenho. Os observadores com um elevado sentido de auto-eficácia estão mais inclinados a participar na aprendizagem observacional. A experiência de domínio, a modelação social, a melhoria dos estados físicos e emocionais e a persuasão verbal são formas de estabelecer ou reforçar a auto-eficácia.

O desempenho depende também da auto-eficácia, ou seja, da confiança na capacidade de realizar uma tarefa. De acordo com Bandura, "as competências de autorregulação não contribuirão muito se os alunos não conseguirem aplicá-las de forma consistente face a dificuldades, situações de stress e atracções concorrentes" (Susan Janssen, 2014). A auto-eficácia para a autorregulação, ou a confiança de que a autorregulação é possível e bem sucedida, é extremamente importante (Klassen, 2007). Descobrem que a auto-eficácia para a autorregulação está positivamente ligada a resultados académicos mais elevados e negativamente correlacionada com a procrastinação (stress académico).

De acordo com a teoria social cognitiva da aprendizagem, os vários processos de aprendizagem podem ser explicados através da investigação dos processos mentais. Quando um novo conhecimento é aprendido ou um conhecimento anterior é transformado pela experiência, ocorre a aprendizagem (Johansson, 2018).

2.3.4. Esforços e comportamentos dos estudantes relativamente ao ensino da Física

Se a auto-confiança reflectisse simplesmente o desempenho, haveria muito menos variação observada nos níveis de atitude auto-relacionada dos alunos entre nações, escolas e turmas. Isto significa que em qualquer grupo de outros estudantes, mesmo naqueles que têm um desempenho muito baixo em Física, os que têm melhor desempenho têm provavelmente uma auto-confiança relativamente elevada, o que indica que se baseiam nas regras sociais que observam à sua volta. Isto demonstra a importância do meio envolvente imediato na promoção da auto-confiança de que os estudantes necessitam para se tornarem alunos bem sucedidos.

Maslow (1970)definiu as motivações de uma pessoa como a força que a leva a trabalhar para um objetivo e que é essencialmente a hierarquia das necessidades humanas, tanto do ponto de vista intrapessoal como ambiental. A motivação para atingir os objectivos é um dos factores mais importantes. Esta motivação é para a realização. A realização académica é um aspeto significativo da ação humana que tenta explicar os factores que influenciam a magnitude, a direção e a persistência do comportamento (Dagnew, 2017). De acordo com Hoskins e van Hoof, os estudantes com uma "orientação para a realização" são competitivos, organizados, estratégicos, capazes de trabalhar bem, conscientes das implicações das exigências académicas e altamente motivados para a realização (Hoskins, 2005). Estes alunos tinham uma maior vontade (tendência) para interagir com outros alunos e aceder aos materiais da disciplina utilizando o sítio Web. De acordo com a análise dos autores, "*um estudante estratégico pode estar disposto a utilizar qualquer ferramenta que possa facilitar a sua realização*".

É razoável supor que a motivação afecta os comportamentos de autorregulação e as estratégias de aprendizagem, que, por sua vez, têm impacto no desempenho. As próprias estratégias têm sido objeto de outra linha de investigação. Que metodologias utilizam os estudantes auto-regulados? Que acções específicas são eficazes? Qual é exatamente o seu impacto no desempenho? Os alunos com personalidade fazem um esforço adicional, terminando os trabalhos de casa, utilizando o seu tempo de forma eficaz e pedindo ajuda quando encontram dificuldades (Susan Janssen, 2014).

2.3.5. Desempenho anterior dos alunos no ensino da física

Nos últimos anos, as escolas secundárias de todo o mundo têm-se preocupado com o fraco desempenho académico dos alunos em Física. Vários autores atribuem este fraco desempenho a uma série de factores, incluindo um ambiente de aprendizagem deficiente, métodos de ensino inadequados, professores inexperientes, abordagens de aprendizagem, estilos cognitivos dos alunos, aspirações de carreira, pressão dos pais e dos colegas, fraca capacidade do aluno, factores socioeconómicos e muito mais (Croix, 2016). No entanto, a maioria confirma que um fator significativo para este desempenho ineficaz é a atitude dos estudantes em relação à Física.

Os alunos que têm uma atitude negativa em relação ao ensino das ciências também não gostam dos professores de física nem dos seus cursos. Os professores nas escolas têm comentado frequentemente que o menor desempenho dos alunos em física se deve à sua atitude negativa e à falta de interesse pela disciplina (Veloo, 2015). Consequentemente, o maior número de alunos matriculados no ensino secundário superior em ciências sociais e a combinação de línguas que conduz a certificados mais avançados em ciências físicas são normalmente indicadores de alunos com uma atitude negativa em relação à física e pouco interesse pela ciência. Consequentemente, há menos estudantes a seguir e a manter carreiras na área da física durante o ensino secundário superior e também na licenciatura.

Descobriu-se que uma atitude negativa em relação à Física é um fator que contribui para o fraco desempenho em Física. Os estudantes continuam a fazê-lo de forma inadequada devido à falta de motivação, vontade e paciência necessárias para aprender e realizar tarefas associadas relacionadas com a disciplina, em resultado da atitude negativa em relação à Física. As conclusões dos estudos de outros investigadores sobre o desempenho dos estudantes em física apontam principalmente para o facto de a atitude negativa do estudante ser um indicador forte, embora tenha merecido pouca ou nenhuma atenção (Langat, 2015). Além disso, algumas das causas do fraco desempenho em física incluem a falta de recursos de ensino e aprendizagem, a falta de entusiasmo dos estudantes e a falta de professores de física qualificados no ensino secundário. Como resultado, os estudantes ficam desiludidos (Vilia, 2017).

2.3.6. Classificação dos alunos em termos de desempenho relativamente ao ensino da Física

Apesar do papel importante que a física desempenha na vida quotidiana e no desenvolvimento do país, os resultados do National Examination and School Inspection Authority (NESA) parecem estar longe de ser suficientes, verificando-se um fraco desempenho em física em comparação com as outras ciências e disciplinas sociais. A menos que haja uma forma de ensinar física de modo a que o seu desempenho possa continuar a melhorar, acredita-se que as carreiras dos estudantes em áreas relacionadas com as ciências podem estar em grande perigo devido ao seu presumível mau desempenho nos exames do ensino secundário inferior. Se houver uma correlação entre a física e a atitude positiva dos alunos, considera-se que os alunos que estão motivados para aprender física terão o mesmo desempenho nos seus exames de física.

2.3.7. Outros factores que podem ter impacto no empenho e no desempenho académico dos estudantes

Existem duas formas de factores considerados como um obstáculo ao empenho e ao desempenho: factores sociológicos e psicológicos. Os factores externos, como o ambiente social e as amizades, são sociológicos, enquanto os factores psicológicos são os internos, como os domínios emocional e cognitivo. Mas ambos os aspectos são fiáveis e estão ligados. A maioria dos estudos anteriores tende geralmente a abordar o tema num determinado contexto. Por exemplo, neste caso, o estilo de aprendizagem de um indivíduo e a forma como este influencia o desempenho académico na aprendizagem (Mohd Mahzan Awang, 2013). Embora a atitude e a capacidade intelectual de uma pessoa estejam intimamente relacionadas com o seu estilo de aprendizagem, os factores ambientais, como o apoio educativo recebido dos colegas e dos professores, também têm um impacto na escolha do estilo de aprendizagem.

Embora investigações anteriores tenham encontrado uma relação positiva entre o interesse dos estudantes pelas disciplinas académicas e o seu desempenho (Ahmad, 2013). Efeitos positivos da utilização de tecnologias modernas no desempenho académico. A atitude dos indivíduos em relação à educação tem um impacto significativo na sua responsabilidade e desempenho na escola. Verificou-se que os estudantes que têm uma atitude negativa em relação às actividades educativas se envolvem em comportamentos desafiantes, tais como comportamentos e atitudes pouco sociáveis (Awang, 2013).

2.4. A relação entre atitude, empenhamento e desempenho

Uma atitude é uma condição psicológica que determina a forma como se responde a um estímulo, sob a forma de ação ou comportamento. Existem dois tipos de atitudes: a aceitação (atitude positiva) e a rejeição (atitude negativa) de um objeto (Saputra H., 2020). Vários investigadores definiram uma atitude como a atitude de uma pessoa enquanto juízo de probabilidade que pode levá-la a fazer algo ou a realizar uma ação específica. A força da intenção de um indivíduo pode ser medida pela probabilidade de a pessoa fazer ou se envolver numa determinada ação, e a substância que está contida na intenção de um indivíduo pode ser observada como o seu comportamento (Motanya, 2018). O termo "*atitude*" refere-se à perceção básica que uma pessoa tem de uma pessoa, lugar, coisa ou acontecimento e é utilizado para descrever o quanto gosta ou não gosta de algo.

O envolvimento, neste sentido, inclui actividades externas que a escola inicia para melhorar a aprendizagem dos alunos, e não apenas as que têm lugar na sala de aula. O empenho académico coloca uma forte ênfase na participação e na identificação. A participação académica inclui tanto actividades internas como externas, como projectos de grupo, trabalhos de casa, assistir a todas as aulas programadas, etc.

Os estudos revelaram que os alunos com uma atitude positiva em relação à física e às ciências têm um desempenho académico muito melhor. Descobriram que, se querem que os seus alunos tenham um bom desempenho, é extremamente importante incorporar neles uma atitude positiva em relação à física e às ciências (Arsaythamby Veloo, 2015). Um estudo efectuado por Magno (2003)apoiou a ideia anterior, demonstrando que os alunos que tinham uma atitude positiva em relação à física obtinham boas notas em física. Os estudantes que tinham uma atitude positiva consideravam a física importante e útil, enquanto os que tinham uma atitude negativa consideravam a física desnecessária. Foi evidente uma relação positiva entre uma atitude positiva e os resultados do desempenho académico em física.

2.4.1. A criação de esperança dos alunos

Os alunos com atitudes positivas acreditam em si próprios que podem ter um melhor desempenho quando estão a resolver problemas de física. Quando os outros alunos se queixam dos conceitos de física e dos seus professores, os alunos com atitudes positivas apenas discutem a forma como os problemas podem ser resolvidos, e estão motivados para ajudar os outros e para se concentrarem nos seus estudos e procurarem ajuda, se necessário.

2.4.2. Criação de reacções positivas dos alunos

Os alunos com atitudes positivas influenciam positivamente os outros alunos. Quando lhes é apresentado um problema de física, estão ansiosos por se ajudarem mutuamente, resolvendo as questões, uma vez que estão interessados na matéria. Isto permitir-lhes-á melhorar o seu desempenho académico, bem como o seu envolvimento na sala de aula (empenho). Os que têm atitudes negativas passam o tempo a discutir e a desencorajar os outros a lerem a outra matéria, o que diminui o seu desempenho e o envolvimento nas actividades da sala de aula.

2.4.3. Criação da felicidade dos alunos

Todas as atitudes positivas acima referidas ajudam os alunos a melhorar as suas capacidades quando estudam física como disciplina científica e quando as suas atitudes negativas em relação aos cursos de física se convertem em atitudes positivas. As mudanças no envolvimento dos alunos nas actividades da aula de Física serão lideradas pelos alunos, o que os ajuda a melhorar a cooperação, o que conduz a melhores resultados de aprendizagem e a uma maior confiança. Consequentemente, à medida que as suas atitudes (comportamentos) e características cognitivas em relação à disciplina de física se alteram, o seu grau de envolvimento (participação) nas actividades da aula aumenta, terão mais sucesso na disciplina de física e o seu empenho e desempenho melhorarão.

2.5. Quadro teórico

De acordo com Edinyang (2016)a atitude é adquirida a partir do ambiente através da aprendizagem observacional. Albert Bandura (1977) desenvolveu a teoria da aprendizagem social (SLT) porque acreditava que a abordagem behaviorista por si só não podia explicar tudo sobre a aprendizagem. Ele reconheceu que a personalidade e o ambiente estavam ligados. A teoria da aprendizagem social de Bandura foi inspirada nas mudanças que ele observou no comportamento de uma criança depois de ver um adulto demonstrar agressividade. A autorregulação, segundo Bandura, é a forma como podemos governar o nosso comportamento. A autorregulação requer auto-observação, auto-julgamento do que nos rodeia e de nós próprios, e auto-resposta. As pessoas têm um impacto no mundo que as rodeia e são afectadas por ele. A hipótese da aprendizagem social, muitas vezes conhecida como aprendizagem observacional, descreve a forma como o comportamento de um observador se altera depois de assistir a algo.

De acordo com a teoria da aprendizagem social (também conhecida como teoria da aprendizagem observacional), as pessoas podem aprender novos comportamentos vendo os outros. Esta também se refere à relação recíproca entre as características sociais do ambiente, a forma como são percepcionadas pelos indivíduos e o grau de inspiração e talento de uma pessoa para adquirir os comportamentos que encontra à sua volta (Edinyang, 2016). A capacidade de um indivíduo aprender observando o que acontece com outras pessoas, em vez de apenas ser ensinado sobre algo, é enfatizada na teoria da aprendizagem social, também conhecida como teoria da cognição social ou aprendizagem observacional (iEduNotes (2016;), Akinbobola (2009)). Os modelos, os professores, os pais, os amigos, o movimento das imagens, os artistas de televisão, os chefes, o ambiente e outros, todos têm algo a ensinar-nos.

Os alunos aprendem esta teoria de aprendizagem comparando o seu nível de vida com o de indivíduos que melhoraram o seu nível de vida como resultado da aprendizagem da física e que têm um bom emprego e um salário decente em áreas como a engenharia, os técnicos e outras em que o conhecimento da física é aplicável. Muitas atitudes são aprendidas através da observação das pessoas e da forma como as suas acções as afectam; as questões mais importantes são as influências do modelo. A teoria tem sido aplicada a processos mentais que são influenciados tanto por factores internos como externos, resultando numa aprendizagem individual.

2.6. Quadro concetual

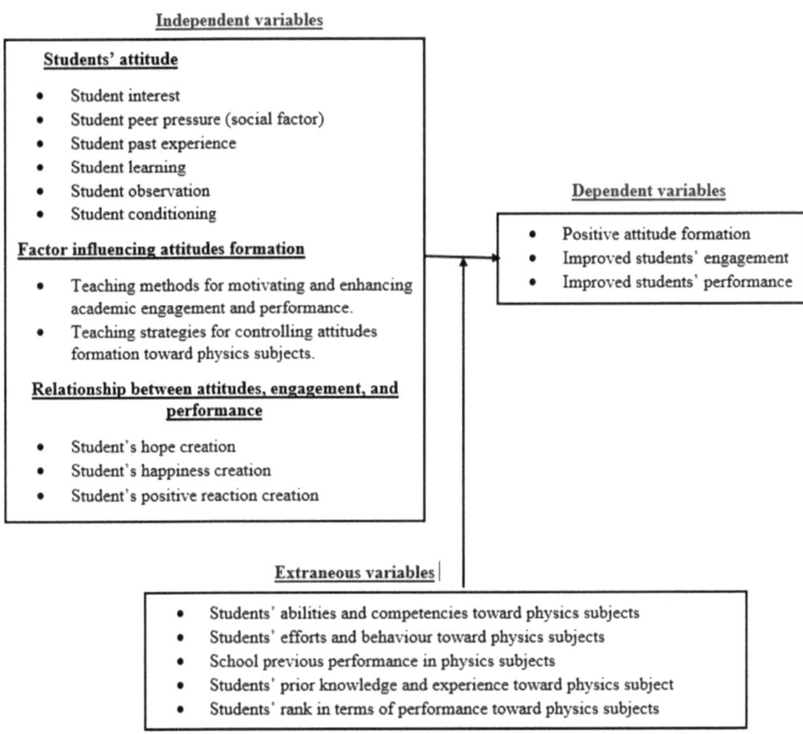

Figura 1: Mostra um quadro concetual entre variáveis independentes, dependentes e externas.

Um desempenho excelente está ligado não só às capacidades únicas, ao trabalho significativo e à perseverança de um aluno, mas também à sua capacidade de ter uma atitude positiva, ao seu elevado nível de envolvimento e à sua curiosidade em relação à disciplina de Física. O desenvolvimento de uma atitude positiva é influenciado por uma variedade de factores a que os alunos estão expostos durante o processo de aprendizagem. A motivação, a disponibilidade para aprender, as capacidades e competências dos alunos, os esforços e comportamentos dos alunos e o desempenho anterior da escola em relação à disciplina de Física são exemplos desses factores. As características de um quadro concetual podem ser afogadas para demonstrar como os alunos típicos do ensino secundário inferior constroem algumas atitudes e capacidades relativamente ao ensino da Física.

Outros factores podem entrar em jogo, dependendo do aluno individual e do ambiente de aprendizagem (que pode incluir recursos de aprendizagem adequados ou inadequados, reforço, pressão dos pares e experiências escolares). As actividades diárias dos alunos na escola também podem afetar o seu interesse pela Física, o que pode levar à criação de atitudes.

CAPÍTULO 3: METODOLOGIA DE INVESTIGAÇÃO

3.1. Introdução

Esta secção destaca a forma como um estudo foi realizado. Descreve o procedimento e as estratégias que foram utilizadas para recolher e analisar os dados. Consiste na descrição do paradigma de investigação, na descrição da conceção da investigação, na localização do estudo e no contexto da investigação, na população-alvo, na amostra e nos métodos de amostragem, nas técnicas de análise de dados, no foco e na limitação do estudo, nos instrumentos de investigação, na fiabilidade/validade e fiabilidade do estudo e nas considerações éticas.

3.2. Paradigma de investigação

Uma forma filosófica de pensar é designada por paradigma. O termo paradigma refere-se ao ponto de vista de um investigador num estudo educacional. Esta visão do mundo é o ponto de vista ou uma forma de pensar, ou uma escola de pensamento, que orienta a interpretação dos resultados do estudo (Kivunja, 2017). Este estudo situa-se no paradigma interpretativista/construtivista. O objetivo central do paradigma interpretativista é compreender o mundo subjetivo da experiência humana (Guba, 1981). Esta abordagem faz um esforço para entrar na cabeça do sujeito que está a ser estudado, por assim dizer, e para compreender e interpretar o que o sujeito está a pensar ou o significado que está a fazer no contexto. É dada ênfase à compreensão do indivíduo e à sua interpretação do ambiente que o rodeia.

Como resultado, o pressuposto central do paradigma interpretativista é que a realidade é socialmente construída. É por isso que este paradigma é frequentemente designado por paradigma construtivista. Neste paradigma, uma teoria foi desenvolvida após a realização do estudo. Por conseguinte, baseia-se nas provas recolhidas durante o processo de estudo. Consequentemente, ao utilizar este paradigma, os dados foram obtidos e analisados de uma forma baseada na teoria fundamentada. O investigador manteve uma distância das respostas dos participantes para que os resultados do estudo fossem determinados pelos dados e não pelos pontos de vista, personalidade, crenças e valores do investigador.

3.3. Conceção da investigação

Um investigador utilizou modelos qualitativos para atingir o objetivo do estudo. Foi utilizado um método qualitativo para estudar os sentimentos, pensamentos e atitudes das pessoas em relação a aspectos específicos, o que foi relevante para este estudo porque a atitude não pode ser diretamente medida ou observada, mas pode ser inferida a partir de certos indícios que retratam a natureza implícita das características dos estudantes. O objetivo deste estudo era analisar alguns dos pontos de vista e perspectivas dos alunos relativamente à Física. Um investigador também recolheu dados qualitativos através de uma entrevista de resposta fechada ou fixa sob a forma de um questionário. Os dados secundários de outros autores especialistas neste domínio foram utilizados na revisão da literatura deste estudo. Os dados foram recolhidos junto de estudantes, professores de física e DOSs de 4 escolas secundárias públicas e semi-públicas situadas no distrito de Rwamagana. Além disso, os dados recolhidos foram avaliados e interpretados qualitativamente .

3.4. Variáveis

As variáveis dependentes incluíram o empenho e o desempenho dos alunos, que foram determinados e influenciados pela magnitude e direção da atitude e das suas causas. Representam o impacto total dos efeitos das variáveis independentes. Foi medida pelo nível de desempenho dos alunos nos últimos exames a que se submeteram, pelo seu nível de confiança e de conhecimentos, e também pela melhoria do empenhamento na sala de aula relativamente à disciplina de Física. As variáveis independentes incluem os aspectos que afectam indiretamente as variáveis dependentes. A atitude mencionada neste estudo é o interesse do aluno, a experiência anterior do aluno, a pressão dos colegas (factores sociais), a aprendizagem do aluno, a observação do aluno e o condicionamento.

São o fator que influencia a formação da atitude, um investigador optou por se concentrar nos seguintes aspectos: métodos de ensino para motivar e melhorar o empenho e o desempenho académico e estratégias de ensino para controlar a formação da atitude em relação ao ensino da Física. Além disso, são as variáveis externas que se considera afectarem a atitude dos alunos em relação à disciplina. As variáveis externas analisadas no estudo são os conhecimentos e a experiência prévios dos alunos, as capacidades e competências dos alunos, os esforços e os comportamentos dos alunos, o desempenho escolar anterior e o desempenho anterior dos alunos em relação à disciplina.

3.5. Localização e contexto do estudo .

O distrito de Rwamagana tem 69 escolas secundárias públicas, semi-públicas e privadas. Todas as escolas seleccionadas estavam localizadas no distrito mencionado, como alvo de um investigador, e tinham um nível secundário inferior em que a disciplina de física era considerada uma disciplina nuclear. Foi utilizado um método de amostragem intencional para selecionar o número de escolas e de participantes neste estudo. Este estudo foi realizado em 4 escolas do ensino secundário inferior no distrito de Rwamagana, na Província Oriental. Foram escolhidas propositadamente 4 escolas no distrito de Rwamagana, e os alunos foram seleccionados aleatoriamente de qualquer escola selecionada. Todas as escolas escolhidas devem ter um nível secundário inferior em que todos os alunos ruandeses tenham Física como disciplina básica. Os participantes neste estudo foram seleccionados com base na sua idade, sexo e raça.

3.6. População-alvo

Este estudo foi realizado em 4 escolas secundárias, que foram seleccionadas através de uma amostragem aleatória intencional. Participaram nesta investigação alunos do terceiro ano do ensino secundário das escolas seleccionadas, bem como todos os seus professores de física e DOS. Um investigador utilizou entrevistas fechadas ou de resposta fixa como instrumento para os alunos e o instrumento de recolha de dados foi distribuído como uma entrevista estruturada a cinco alunos de cada escola, aleatoriamente, para o estudo-piloto. Nesta secção, os alunos terão a liberdade de responder às perguntas do investigador.

3.7. Métodos de recolha de dados

Esta investigação utilizou entrevistas e observação como meio de recolha de dados:

A entrevista é amplamente utilizada como uma abordagem de recolha de dados que envolve a discussão verbal entre o investigador e o inquirido. Neste estudo, o investigador utilizou um dos métodos de entrevista altamente estruturados, designado por entrevista fechada ou de resposta fixa (McNamara, 2022). Uma entrevista fechada ou de resposta fixa é uma entrevista em que todos os participantes recebem perguntas idênticas e têm de selecionar respostas a partir do mesmo leque de opções (Kumar (2006), Kerlinger (1979;)). Este formato é vantajoso para as pessoas que não estão habituadas a fazer entrevistas. As entrevistas estruturadas permitem que o entrevistador faça as mesmas perguntas a cada inquirido da mesma forma (Patton, 2002).

Foi apresentado um conjunto bem estruturado de perguntas, muito semelhante a um questionário, e o objetivo era frequentemente utilizar uma ferramenta de análise de dados qualitativos. Foi concebida uma entrevista de resposta fixa ou fechada sob a forma de um questionário em que foram concebidas perguntas abertas, perguntas fechadas e perguntas de escala de Likert como forma de recolher dados dos participantes. Utilizou-se um instrumento para avaliar o grau de escolas públicas e semi-públicas em que os alunos reconhecem os conceitos de física, e o seu envolvimento e desempenho. Este estudo foi concebido para revelar a atitude positiva dos alunos que estava a limitar o seu empenho e desempenho na disciplina de física nas três escolas secundárias superiores do distrito de Rwamagana.

Para eliminar enviesamentos e valores atípicos, um investigador tomou notas sobre as respostas dos inquiridos. O tempo necessário para a codificação e a análise de conteúdo foi substancialmente reduzido quando se utilizou uma entrevista fechada ou com respostas fixas e as perguntas abertas foram reduzidas ao mínimo, e os dados foram frequentemente introduzidos diretamente num computador para análise.

3.8. Amostra e métodos de amostragem

Trata-se de um tipo de inquérito que utiliza perguntas e outros estímulos para recolher dados dos inquiridos. Um investigador utilizou uma técnica de amostragem intencional para entrevistar todos os alunos do terceiro ano, professores de física e DOSs de quatro escolas diferentes situadas no distrito de Rwamagana, na província oriental do Ruanda. Em cada escola, foi pedido aos participantes que respondessem às perguntas. A dimensão da amostra das escolas a considerar foi selecionada utilizando o método de amostragem intencional. A verdadeira causa do problema era a atitude negativa dos alunos em relação à disciplina de física e não a falta de financiamento.

3.9. Métodos de análise de dados

Para facilitar a análise e a conclusão, os dados semelhantes nas metodologias qualitativas foram agrupados em temas semelhantes. Para a análise dos dados, foi utilizado o programa informático SPSS. De igual modo, foi efectuada uma análise hierárquica da atitude, calculando a força percentual de cada variável para identificar o elemento importante. Nas perguntas abertas, foi utilizada a narração descritiva. Com base nos resultados e nas análises efectuadas, foi elaborado um resumo, conclusões e um conjunto de sugestões. Além disso, os dados foram analisados e discutidos de forma empírica e objetiva, com a utilização de figuras e gráficos, conforme apropriado. Os dados qualitativos foram analisados como dados temáticos e, a partir dos resultados, foram elaborados um resumo, uma recomendação e uma conclusão.

3.10. Âmbito e limitações do estudo

Este estudo foi efectuado nos distritos de Rwamagana. Esta região tinha muitas escolas secundárias públicas, semi-públicas e privadas. Este estudo centrou-se nas escolas semi-públicas e públicas, que beneficiam dos mesmos fundos do governo. Foi destacado o modo como a atitude positiva dos alunos influencia o seu empenho e desempenho na disciplina de física. A limitação deste estudo foi a barreira linguística entre os estudantes e a afetação de tempo.

3.11. Fiabilidade/validade e fiabilidade do **estudo**

O instrumento foi validado neste estudo através da pilotagem e da leitura por pares pelos estudantes de pós-graduação e por um supervisor da faculdade. Durante a recolha de dados, todos os participantes receberam instruções explícitas para garantir que todos os procedimentos eram compreendidos por todos os inquiridos. Isto permitiu reduzir o número de erros e os valores anómalos nos dados obtidos, aumentando a fiabilidade dos dados. A revisão e reedição dos dados recolhidos foram utilizadas para determinar a fiabilidade do instrumento utilizado para a recolha e análise de dados. O instrumento foi entregue aos itens uma vez, foi utilizada uma entrevista com respostas fechadas ou fixas e a observação da sala de aula, e a fiabilidade foi recolhida nos resultados. Além disso, a validade do instrumento foi avaliada para verificar se o que se pretendia medir era medido. Foi efectuada uma verificação alterando as perguntas para eliminar a ambiguidade e a formulação incorrecta das perguntas, bem como expondo o instrumento a um perito ou supervisor. Todos os inquiridos conseguiram compreender o mesmo significado das perguntas.

3.12. Considerações éticas

Devido à natureza deste estudo, foram considerados vários problemas éticos. Em primeiro lugar, todos os participantes foram tratados com respeito e civismo. O objetivo e os procedimentos do estudo foram divulgados a todos os participantes, como parte de uma estratégia de consentimento informado. A confidencialidade e o anonimato de cada inquirido foram protegidos. Um investigador não obrigou nenhum estudante a participar neste estudo e assegurou que as informações pessoais dos inquiridos fossem mantidas em segredo. Além disso, o investigador solicitou a ajuda dos professores de física do primeiro ciclo do ensino secundário das escolas (**A, B, C** e **D**) para dar uma entrevista estruturada, de modo a que os participantes não sofressem stress e tensão inadequados, uma vez que o item não era um exame, mas apenas para fins de estudo. O investigador foi ajudado pelos professores de física a escolher amostras adequadas, bem como a explicar ou ler o material. Foram dadas orientações a um estudante para que soubesse como responder às perguntas de forma correcta e adequada.

Normalmente, o investigador fornece a informação por escrito, dando tempo aos participantes para ponderarem as suas escolhas, e elabora um formulário de consentimento para os pais e pede aos três alunos seniores que o assinem, para que fiquem com um registo do seu consentimento.

Este estudo foi financiado pelo Centro Africano de Excelência para o Ensino e Aprendizagem Inovadores da Matemática e das Ciências (ACEITLMS)

CAPÍTULO 4: APRESENTAÇÃO DOS RESULTADOS

4.1. Introdução

Este capítulo apresenta as conclusões do estudo com base na informação recolhida junto dos alunos relativamente aos objectivos do estudo. Os dados foram examinados e organizados com recurso ao software estatístico para as ciências sociais (SPSS) versão 20. De acordo com os tópicos e objectivos do estudo, os dados foram analisados utilizando tabelas de frequência e percentagens. Os objectivos do estudo foram os seguintes: identificar as atitudes positivas dos alunos do ensino secundário inferior em relação à disciplina de Física; avaliar o impacto das atitudes dos alunos no seu empenho e desempenho na disciplina de Física; e procurar recomendações sobre como melhorar as atitudes dos alunos em relação ao seu empenho e desempenho na disciplina de Física nos alunos do ensino secundário inferior.

4.2. Perfil dos inquiridos

Um total de 245 entrevistas de resposta fixa sob a forma de questionário foi administrado com êxito nas 4 escolas secundárias inferiores situadas no distrito de Rwamagana. Os participantes eram 234 alunos do terceiro ano, 7 professores de física e 4 directores de estudos (DOS). Todas as 245 entrevistas de resposta fechada ou fixa foram concebidas e administradas aos alunos com a ajuda dos seus professores de física para a recolha de dados. O género, a faixa etária, a frequência e a percentagem dos participantes neste estudo são apresentados no Quadro 2.

Tabela 2. Dados demográficos dos inquiridos: estudantes, professores de física e DOSs

Estudantes				Professores e DOSs			
Variáveis		**№**	**%**	**Variáveis**		**№**	**%**
Género	Rapazes	99	42.3	Género	Masculino	10	90.9
	Raparigas	135	57.7		Feminino	1	9.1
Faixa etária	Abaixo de 20	221	94.4	Faixa etária	[20-25]	1	9.1
	[20-25]	13	5.6		[26-30]	5	45.5
	Total	234	100.0		[31-35]	3	27.3
					Acima de 36	2	18.2

O género maioritário dos alunos era constituído por 99 rapazes e 135 raparigas, o que corresponde a 42,7% e 57,7%, respetivamente. O género dos professores e dos DOSs era composto por 10 homens e 1 mulher, o que corresponde a 90,9% e 9,1%, respetivamente. A faixa etária dos participantes do estudo foi classificada em dois grupos: abaixo de [< 20] 94,4%, e entre [20-25] 5,6%, e a faixa etária dos professores e DOSS foi de [20-25], [26-30], [31-35], e acima de 36 anos, a frequência correspondente foi de 9,1%, 45,5%, 27,3%, e 18,2% respetivamente.

4.3. Percepções dos conhecimentos prévios e da experiência dos alunos relativamente à disciplina de Física

Os resultados deste estudo visam identificar a perceção das atitudes dos alunos relativamente aos seus conhecimentos prévios e à sua experiência na disciplina de Física. De acordo com os objectivos deste estudo, um investigador examinou a perceção dos participantes sobre os seus conhecimentos prévios e a sua experiência em relação à disciplina de Física. O resultado das perguntas formuladas pelos investigadores é apresentado no Quadro 3 da seguinte forma:

Tabela 3. Conhecimentos prévios e experiência dos alunos com a disciplina de Física.

Perguntas	Resposta dos alunos	№	%
Antes de entrar no primeiro ciclo do ensino secundário, ouviu falar de uma disciplina chamada Física? Quem lho disse?	o teu irmão ou irmã	98	41.9
	os seus pais ou familiares	35	15.0
	redes sociais	35	15.0
	Outros	66	28.2
Depois de saber que a física é uma das ciências elementares que se espera que aprenda no primeiro ciclo do ensino secundário, quais são as suas ideias imediatas?	É um assunto difícil	70	29.9
	É um tema interessante	75	32.1
	Senti-me como se fosse algo novo	44	18.8
	Outros	45	19.2
Depois de estar inscrito no primeiro ciclo do ensino secundário e de ter percebido o que esta disciplina pretende que saiba e aborde, tinha alguma experiência ou formação prévia na disciplina de física?	SIM	162	69.2
	NÃO	60	25.6
	NÃO TENHO A CERTEZA	12	5.1

Os resultados da Tabela 3 indicam que 69,2% dos estudantes afirmaram que, depois de entrarem para o ensino secundário e compreenderem o que a disciplina pretende que eles saibam e abordem, salientaram que já têm conhecimentos e competências semelhantes aos que irão adquirir através da aprendizagem da Física. 56,9% dos alunos afirmaram que ouviram pela primeira vez que a Física é a disciplina que irão aprender no ensino secundário inferior através dos seus irmãos, irmãs, pais e familiares. Além disso, 32,1% dos alunos afirmaram que a Física é uma disciplina interessante, sendo as ideias imediatas que lhes vêm à cabeça as seguintes "*Senti-me como se fosse algo novo, aprendi esta lição e sinto-me normal, a minha curiosidade é explorar a natureza e compreender os fenómenos que ocorrem à minha volta*".

Os resultados deste estudo mostram que as atitudes dos alunos em relação à disciplina de física foram desenvolvidas antes de se matricularem no ensino secundário inferior, porque já sabiam que iriam aprender a disciplina de física como uma ciência formal. O investigador pediu-lhes que mencionassem como compreendem a teoria da física e como esta os ajuda a resolver problemas da vida real: "ajuda a *reduzir o trabalho, ajuda a compreender o princípio de funcionamento das máquinas, ajuda as pessoas a construir barragens de água e centrais hidroeléctricas, ajuda as pessoas a selecionar carreiras como diferentes engenharias; professor de física; médico"*. Além disso, ouviram dizer que a disciplina de física está a ser ensinada no ensino secundário pelos seus irmãos e irmãs, o que significa que, antes de entrarem para o ensino secundário, já sabem que a física é uma das ciências que vão aprender no ensino secundário.

Por conseguinte, os alunos chegam à escola sabendo que a disciplina de física é uma ciência fundamental ensinada no ensino secundário e que é uma disciplina interessante. Depois de entrarem na aula de física, descobriram que as competências e os conhecimentos aprendidos na disciplina são aplicados na vida quotidiana. Foi desenvolvida uma atitude positiva em relação à disciplina de física antes, durante e depois da aula.

4.4. Factores que influenciam a atitude dos alunos no ensino da Física

4.4.1. Aptidões e competências na disciplina de física

Este estudo procurou conhecer a perceção das dificuldades dos alunos na aprendizagem da Física. Um investigador pediu aos estudantes que escolhessem perguntas da escala de Likert sobre diferentes capacidades e competências de aprendizagem. As respostas foram classificadas numa escala de Likert com as seguintes pontuações: **SA - Concordo totalmente, A - Concordo, D - Discordo** e **NS - Não tenho a certeza.** As respostas obtidas estão resumidas na Tabela 4 abaixo:

Tabela 4. Percepções das capacidades e competências de aprendizagem dos alunos em relação à física

Capacidade de aprendizagem e competências		Respostas dos alunos				
		SA	A	D	SD	NS
A aprendizagem da disciplina de física implica a memorização de factos, teorias e fórmulas que são difíceis de recordar, explicar e compreender	№	121	57	35	10	11
	%	51.7	24.4	15.0	4.3	4.7
Os conceitos de física são discretos e não estão relacionados com actividades no meu ambiente	№	45	44	63	62	20
	%	19.2	18.8	26.9	26.5	8.5
Não tenho capacidade ou talento para ter sucesso na disciplina de física	№	45	58	49	63	19
	%	19.2	24.8	20.9	26.9	8.1
Nem todos podem ser bons em todas as disciplinas	№	102	46	30	33	23
	%	43.6	19.7	12.8	14.1	9.8
Sei que posso ter uma boa nota a Física se me esforçar muito	№	170	38	12	6	8
	%	72.6	16.2	5.1	2.6	3.4

Os resultados da Tabela 4 indicam que 88,8% dos estudantes concordam fortemente que, se se esforçarem muito, podem obter boas notas na disciplina de Física. Indicam que 76,1% dos alunos concordam fortemente que a aprendizagem da disciplina de Física envolve muita memorização de factos, teorias e fórmulas que são difíceis de recordar, explicar e compreender. Além disso, 63,3% dos estudantes concordam que nem toda a gente pode ser boa em todas as disciplinas. Além disso, indica que 53,4% dos alunos discordam, mostrando que os conceitos de física são discretos e não estão relacionados com a atividade que se realiza no seu ambiente e também indica que 47,8% dos alunos discordam que não têm capacidade ou talento para ter êxito na disciplina de física.

Em função das suas competências e conhecimentos, os estudantes desenvolvem mentalidades diferentes. Os estudantes de Física com elevada confiança acreditam que o seu trabalho árduo e o seu esforço são sempre a única via para o sucesso. O trabalho árduo e o esforço são as verdadeiras fontes do seu sucesso e não as suas capacidades ou aptidões. Os estudantes parecem estar no comando da sua aprendizagem porque vêem a Física como uma disciplina que pode ser aprendida, feita e que não é demasiado difícil de compreender. Como resultado, sentem que podem ter um bom desempenho na disciplina porque podem trabalhar arduamente. Os alunos que têm dificuldades em memorizar factos podem acreditar que teriam um melhor desempenho noutras disciplinas que não a Física, porque essas disciplinas não necessitam de memorização de fórmulas, que é o que a Física envolve.

Os alunos têm dificuldade em estabelecer ligações entre ideias porque acreditam que a única forma de compreender a matéria é memorizar todas as fórmulas necessárias, o que consideram estar para além do seu nível de capacidade. Não se apercebem de que os pensamentos e os conhecimentos podem ser interiorizados através da prática regular, em vez de lhes serem impostos imediatamente. Isto também é consistente com um estudo que mostra que as percepções dos alunos sobre a sua competência e as expectativas de sucesso académico estão fortemente relacionadas com os seus níveis de envolvimento e com os estados emocionais que apoiam ou dificultam a sua capacidade de sucesso académico (Schenkel, 2009).

4.4.2. Desempenho anterior e classificação no ensino da física

Este estudo procurou conhecer o desempenho e a classificação anteriores dos alunos. Foi também determinada a forma como as notas e o desempenho anteriores dos alunos afectaram as suas opiniões relativamente à disciplina de Física. Pediu-se aos alunos que classificassem o seu desempenho de acordo com as afirmações apresentadas. As suas respostas foram classificadas da seguinte forma: As respostas obtidas estão resumidas na Tabela 5 abaixo:

Tabela 5. Quadro com os resultados do desempenho anterior dos alunos nas suas escolas

Declarações do desempenho anterior		Respostas dos alunos				
		SA	A	D	SD	NS
A Física está sempre entre as disciplinas com menor desempenho na nossa escola	Não	62	52	45	39	36
	%	26.5	22.2	19.2	16.7	15.4
Os insucessos anteriores nos exames da disciplina implicam que é muito difícil passar a física	Não	44	53	72	45	20
	%	18.8	22.6	30.6	30.8	8.5
Normalmente, a maioria dos alunos reprova na disciplina de física	Não	41	61	56	42	34
	%	17.5	26.1	23.9	17.9	14.5

Os resultados da Tabela 5 mostram que, no que se refere ao desempenho anterior numa disciplina de física, 61,4% dos estudantes discordam totalmente que os insucessos anteriores em exames ou testes de física impliquem que é muito difícil ter um bom desempenho em física. Indica que 48,7% dos estudantes concordam fortemente que a física está sempre classificada entre as disciplinas com menor desempenho nas suas escolas e indica também que 43,6% dos estudantes concordam que a maioria dos alunos chumba na disciplina de física.

Os resultados demonstram que a atitude dos alunos muda em função do seu empenho e desempenho em Física no ensino secundário. De acordo com os alunos, o mau desempenho contínuo em Física torna-se uma tradição da escola e um facto inevitável da vida. Uma vez que a perceção que têm do seu nível de desempenho é pré-definida, os alunos não farão qualquer esforço pessoal para melhorar, pelo que chumbar nos exames de Física se tornará habitual. Devido às suas próprias experiências educativas na escola, onde a disciplina recebe sistematicamente as notas mais baixas, os alunos começaram a associar a disciplina ao insucesso. Aceitaram que ter um mau desempenho na disciplina de física a nível escolar é normal, porque acreditam que é a norma e, como resultado, não farão um esforço para melhorar e, em vez disso, voltarão a sua atenção para outras disciplinas onde acreditam que teriam um melhor desempenho. Os alunos não farão qualquer esforço para resolver esta situação, pois pensam que não pode ser alterada e que está profundamente enraizada (estabelecida) na cultura escolar.

Os resultados mostram que, apesar de a maior parte dos estudantes se aperceberem de que podem ter sucesso na disciplina se fizerem um esforço pessoal para melhorar o seu desempenho, a maioria deles rejeitará profissões na área da física. Reconhecem que todos têm potencial para enfrentar a física, dependendo da situação, e que o seu mau desempenho não tem a ver com capacidades ou aptidões naturais, mas sim com o mau desempenho anterior da escola.

4.4.3. Classificação dos alunos em termos de desempenho na disciplina de física

A conclusão deste estudo relativamente ao desempenho dos alunos nas disciplinas de física, a classificação do desempenho anterior dos alunos é classificada em quatro categorias diferentes: **VG-Muito Bom, G-Bom, A-Médio** e **BA-Baixo da Média, a** classificação dos alunos está associada a classificações que variam entre [75-100], [51-74], igual a 50 e [0-49], respetivamente. Por conseguinte, o investigador também procurou descobrir de que forma o desempenho dos alunos em Física está relacionado com o seu desempenho académico. Pediu-se aos alunos que classificassem o seu desempenho na parte de Física de um exame ou teste recente. Os participantes avaliaram o seu desempenho em física com classificações de muito bom, bom, médio ou abaixo da média. O resultado é apresentado na Tabela 11, como se segue:

Tabela 6. A tabela seguinte mostra a classificação dos alunos em relação aos intervalos de notas do último teste

Artigos	Classificação do aluno	Gama de marcas	Não	%
Se se classificar em termos de desempenho, a que categorias pertence? Que nota obteve no último exame ou teste a que se submeteu?	Muito bom	Entre [75-100]	12	5.1
	Bom	Entre [51-74]	42	17.9
	Média	Igual 50	79	33.8
	Abaixo da média	Entre [0-49]	101	43.2

Os resultados da Tabela 11 e da Figura 2 indicam que 43,16% dos estudantes estão classificados abaixo da média no último exame ou teste a que se submeteram. Os estudantes que obtiveram classificações abaixo da média são os que obtiveram notas no intervalo [0-49]. Além disso, indica que 33,76% dos alunos têm um desempenho médio, o que significa que são os que obtiveram notas iguais a 50. Em seguida, 17,9% estão classificados no intervalo de bons alunos, que conseguiram obter notas no intervalo de [51-74]. Portanto, apenas 5,13% são classificados como alunos muito bons, estes conseguem obter notas nos exames ou testes de Física no intervalo de [75-100].

Os desempenhos em física podem ser um reflexo de factores de atitude, em que a maioria dos estudantes não está motivada e não está totalmente empenhada, uma vez que têm um interesse mínimo em áreas relacionadas no futuro. Consequentemente, não fazem um esforço significativo para melhorar. Algumas pessoas pensam que é aceitável chumbar a Física, uma vez que a disciplina envolve fórmulas que são difíceis de compreender e que é difícil obter resultados em todos os domínios. Isto pode também ser o resultado das suas más notas anteriores, que podem ter tido um impacto negativo na sua tomada de decisões e dificultado as suas escolhas de emprego no futuro. Os resultados obtidos no estudo são apresentados na Figura 2, como se segue:

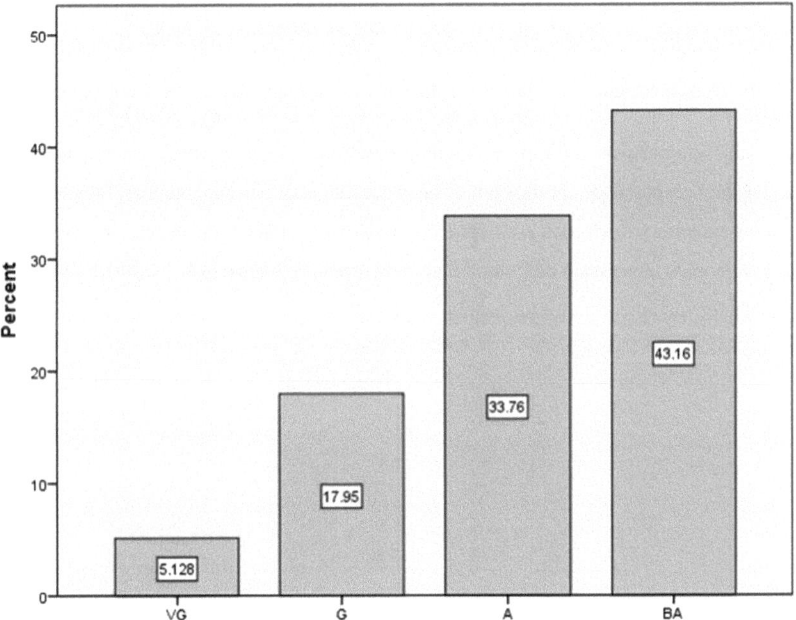

Figura 2: A figura acima mostra a classificação dos alunos relativamente ao seu desempenho nos últimos exames ou testes de física.

A figura acima representa o desempenho dos alunos das escolas seleccionadas. O desempenho dos alunos foi obtido a partir dos registos dos professores em relação aos últimos exames ou testes. Assim, verifica-se que 43,6% dos alunos têm um fraco desempenho e são aqueles que não têm interesse no futuro, pelo que apenas obtêm notas abaixo da média. O estudo mostra que 33,76% dos alunos têm um desempenho médio nos últimos exames ou testes, o que indica que um pequeno número de alunos tem vontade de estudar Física, está motivado, acompanha as aulas e participa em algumas actividades da aula, como trabalhos de casa, trabalhos de grupo, exercícios e no ensino e aprendizagem. Indica também que 5,128% dos alunos têm atitudes positivas porque são classificados como muito bons, o que significa que são os que se interessam pela disciplina de física e estão empenhados nas actividades da sala de aula, quando o professor de física está ausente, resolvem vários problemas e estão dispostos a aprender física, ligando as suas oportunidades futuras. Também tentam arranjar tempo adicional para as actividades de física e esforçam-se por obter boas notas.

4.5. Efeitos da atitude no desempenho académico na disciplina de Física

4.5.1. Esforços e comportamentos dos estudantes relativamente ao ensino da Física

Este estudo enumera os esforços e os comportamentos dos estudantes, e um investigador mencionou as respostas de acordo com os itens questionados aos participantes. O investigador procurou explorar os esforços e os comportamentos dos alunos em relação à disciplina de Física, utilizando uma escala de Likert como **A-Sempre, S-Sempre e N-Não tenho a certeza.** Os resultados são apresentados na Tabela 7 abaixo:

Tabela 7. Um quadro resume os esforços e os comportamentos dos alunos relativamente à disciplina de física

Declarações de esforços e comportamentos dos alunos		A	S	N
Certifico-me de que concluo todas as actividades da aula, tais como trabalhos de casa, exercícios e trabalhos de grupo.	Não	93	124	17
	%	39.7	53.0	7.3
Leio para outras disciplinas se o professor não vier para a aula ou se se atrasar.	Não	104	80	50
	%	44.4	34.2	21.4
Presto atenção quando um professor de física está a ensinar	Não	141	75	18
	%	60.3	32.1	7.7
Sinto que estou a perder a aula, é uma aula de física	Não	40	73	121
	%	17.1	31.2	51.7
Trabalho arduamente para obter boas notas na disciplina de física	Não	127	80	27
	%	54.3	34.3	11.5
Encontro tempo adicional para trabalhar em actividades extra para o ensino da física.	Não	44	80	44
	%	18.8	34.2	18.8

Os resultados deste estudo, apresentados na Tabela 7, mostram que 60,3% dos alunos prestam sempre atenção quando o professor de Física está a ensinar e a orientá-los nas actividades da sala de aula relativas à disciplina de Física, o que também indica que 54,3% dos alunos se esforçam sempre por obter boas notas na disciplina de Física. Além disso, indica que 53,0% dos alunos asseguram que completam as actividades da sala de aula, como os trabalhos de casa de Física, os exercícios e os trabalhos de grupo, por vezes. Indica que 51,7% dos alunos sentem que estão a perder a aula quando se trata de uma aula de física. Indica que 47,0% dos estudantes não têm a certeza sobre uma afirmação: Encontro tempo adicional para trabalhar em actividades extra no ensino da Física. Por outro lado, 44,4% dos alunos lêem sempre a outra disciplina quando o professor de Física não vem à aula ou quando atrasa a aula de Física.

Os alunos motivados nos seus estudos fazem trabalho adicional, prestam atenção nas aulas, nunca faltam às aulas e estão sempre preparados para as aulas, mesmo quando os professores estão ausentes ou indisponíveis. Um aluno que goste e aprecie a Física está motivado para trabalhar arduamente na disciplina; como resultado de obter boas notas ou bons desempenhos na disciplina de Física, participará ativamente em tarefas ou actividades que conduzam ao sucesso. Os alunos que estão interessados e motivados para a disciplina encontram mais tempo para fazer actividades extra, como trabalhos de casa, exercícios extra e fazer perguntas a outros alunos de outras escolas, o que leva à criação de uma atitude positiva em relação à disciplina e aumenta o envolvimento na mesma. Como a melhoria do aluno levou a uma melhoria do desempenho na disciplina.

Uma baixa percentagem de inquiridos concordou com os pontos acima referidos. No entanto, é evidente que, mesmo que os trabalhos de casa não sejam difíceis nem uma perda de tempo, a maioria dos alunos não consegue terminá-los ou encontrar outro tempo adicional necessário para a prática, apesar de saberem que a Física precisa desse empenho para ter êxito. O facto de os alunos lerem para outras disciplinas enquanto o professor está atrasado mostra que têm preferências por outras disciplinas ou actividades extracurriculares, o que demonstra falta de entusiasmo e dedicação à Física e leva ao insucesso da disciplina. Por considerarem que a disciplina exige muito do seu tempo e atenção, os alunos não lhe têm dado a devida atenção.

4.6. Efeitos da atitude no empenho académico no ensino da Física

4.6.1. Perceção dos alunos sobre o seu empenhamento na aprendizagem

Este estudo procurou ver o envolvimento dos alunos na disciplina de física, são diferentes estados que lhes foram dados, e foi-lhes pedido que escolhessem as respostas a recolher de acordo com as suas percepções dos itens dados, a escala de Likert é acima mencionada como seguida por um investigador: **SA-Concorda fortemente, A-Concorda, D-Discorda, SD-Discorda fortemente e N-Não tem a certeza.** Os resultados do estudo são apresentados na Tabela 8, como se segue:

Tabela 8. Perceção do envolvimento dos alunos na aprendizagem

O empenhamento dos estudantes no ensino e na aprendizagem		SA	A	D	SD	NS
Quando recebo uma má nota em física, tento perceber onde é que errei.	№	148	68	8	4	6
	%	63.2	29.1	3.4	1.7	2.6
Quando estudo física, tento desenvolver a matéria com as minhas próprias palavras.	№	86	119	14	10	5
	%	36.7	50.9	6.0	4.3	2.1
Estou a fazer perguntas sobre física para mim próprio, para me certificar de que compreendi bem a matéria.	№	74	128	15	14	9
	%	31.6	51.2	6.4	6.0	3.8
Resolvo vários problemas para me certificar de que compreendi a matéria.	№	54	118	29	12	9
	%	23.1	57.6	12.4	5.1	3.8
Sigo as lições com atenção	№	121	64	24	13	12
	%	51.7	27.4	10.3	5.6	5.1
Estou a tentar dar o meu melhor durante uma aula de física	№	128	76	0	15	15
	%	54.7	32.5	0.0	6.4	6.4
Não me esforço muito pelo ensino da física	№	66	81	37	29	21
	%	28.2	46.6	15.8	12.4	9.0
Presto atenção ao ensino da física	№	119	43	34	20	18
	%	50.9	18.4	14.5	8.5	7.7
Durante um processo de ensino e aprendizagem, penso noutras coisas.	№	35	51	46	75	25
	%	15.0	21.8	19.7	32.1	11.5
Os meus pensamentos vagueiam frequentemente durante o ensino e a aprendizagem	№	38	58	51	52	35
	%	16.2	24.8	21.8	22.2	15.0
Em geral, sinto-me bem durante uma aula de física	№	100	71	26	22	15
	%	42.7	30.3	11.1	9.4	6.4
Fico nervoso quando estudo física	№	64	69	44	31	26
	%	27.4	29.5	18.8	13.2	11.1
Sinto-me aliviado após o ensino e a aprendizagem da física	№	68	67	33	36	30
	%	29.1	28.6	14.1	15.4	12.8
Fico nervosa quando começamos a trabalhar no novo tema	№	51	69	39	49	26
	%	21.8	29.5	16.7	20.9	11.1

A conclusão deste estudo, na Tabela 8, é sobre o empenhamento dos estudantes no ensino e na aprendizagem da disciplina de Física. Indica que 63,2% dos estudantes concordam fortemente com o item que afirma que, quando recebem más notas a Física, tentam perceber onde erraram. Indica que 57,6% dos estudantes concordam que resolvem vários problemas para se certificarem de que compreenderam bem a matéria. Indica que 56,4% dos alunos concordam que ficam nervosos quando estão a estudar a disciplina de Física. Indica que 51,8% dos alunos discordam fortemente que, durante o ensino e a aprendizagem da Física, pensam noutras coisas. Indica que 51,7% dos alunos concordam que seguem atentamente as aulas de Física quando o professor as está a dar. Indica que 50,9% dos estudantes concordam que, quando estão a estudar Física, tentam desenvolver a matéria por palavras suas.

Indica que 51,2% dos estudantes concordam que fazem perguntas sobre a matéria de física para si próprios, para se certificarem de que compreenderam bem a matéria. Indica que 42,7% concordam fortemente que, em geral, se sentem bem durante uma aula de Física. Indica que 29,5% dos estudantes concordam que ficam nervosos quando começam a trabalhar numa nova matéria de Física. Indica que 29,1% dos estudantes concordam fortemente que se sentem aliviados após o ensino e a aprendizagem da Física. Indica que 24,8% dos estudantes concordam que estão a tentar dar o seu melhor durante o ensino e a aprendizagem da disciplina de Física e que os seus pensamentos vagueiam frequentemente durante o ensino e a aprendizagem.

Os resultados do estudo mostram que o empenho dos alunos na disciplina de física se deve ao facto de analisarem a nota obtida, pensarem e questionarem-se sobre a forma como podem atingir o seu desempenho superior, tentarem explicar a si próprios os conteúdos de física e traduzirem em palavras para se certificarem de que a aula é compreensível. Salientam também que os alunos resolvem vários problemas relacionados com a disciplina de física, seguindo as aulas com atenção. Através destes diferentes indicadores, os resultados do estudo mostram que um pequeno número de alunos desenvolveu e melhorou as suas atitudes positivas quando participam ativamente nas actividades da aula. No entanto, um pequeno número de estudantes argumentou que o seu pensamento se torna indiferente enquanto estão a ensinar e a aprender e pensam noutras coisas não relacionadas com a física, e querem aprender outras lições enquanto a aula de física está a decorrer. Por conseguinte, os professores devem usar comentários positivos e dirigir-se aos alunos relativamente aos objectivos do ensino da física nas suas futuras oportunidades de carreira e à forma como as competências e os conhecimentos de física afectam a sua vida no futuro.

4.6.2. Motivação dos professores e dos DOSs para o ensino da física

Um investigador procurou saber a opinião dos professores de física e dos DOS sobre o modo como se sentem motivados para lecionar a disciplina de física no ensino secundário. O investigador pediu-lhes que respondessem às perguntas assinalando as respostas sugeridas. Os resultados estão resumidos na Tabela 9, como se segue:

Tabela 9. Mostra os resultados da motivação dos professores e de Doss para o ensino da disciplina

Artigos	Respostas dos participantes	№	%
Como professor de física, como é que gosta de ensinar?	Muito	11	100.0
	Muito pouco	0	0.0
	Moderadamente	0	0.0
	De modo algum	0	0.0
Os seus alunos dão muito valor à física em comparação com outras disciplinas?	Sim	11	100.0
	Não	0	0.0
Qual é a atitude geral dos seus alunos em relação à disciplina de Física?	Muito positivo	2	18.2
	Positivo	9	81.8
	Negativo	0	0.0
	Muito negativo	0	0.0
Relativamente aos conteúdos programáticos de física de S1, S2 e S3. O conteúdo do programa é relevante para as necessidades da sociedade?	Muito relevante	2	18.2
	Relevante	7	63.6
	De alguma forma relevante	2	18.2
	Não relevante	0	0.0
O que é que os seus alunos gostam na disciplina de física?	Ensino	2	18.2
	Professor	2	18.2
	O conteúdo do tema	7	63.6
Caso se aperceba de que os seus alunos não estão interessados na disciplina de física. O que é que faz?	Explicar-lhes a importância da física como disciplina científica	1	9.1
	Mudar o método de ensino e utilizar outro para os motivar	10	90.9
	Não fazer nada	0	0.0

A conclusão do estudo no Quadro 9 indica que 100,0% dos professores e DOSs afirmaram que os alunos gostam das disciplinas de Física no ensino secundário inferior e que gostam muito quando estão a aprender uma disciplina. Além disso, indica que 100,0% dos professores de Física e dos professores de Educação Física afirmaram que os seus alunos dão muito valor à Física em comparação com outras disciplinas. Indica que 90,9% dos professores de Física e dos professores de Educação Física afirmaram que mudam os métodos de ensino e utilizam outro método para os motivar, o que é feito caso se apercebam de que os alunos não estão interessados na aula de Física dada. Indica que 81,8% dos professores de Física e dos professores de Educação Física afirmaram que a atitude geral dos alunos em relação à disciplina de Física é positiva. Indica que 63,6% dos professores de Física e dos professores de Educação Física afirmaram que os alunos gostam do conteúdo da disciplina de Física. Indica que 63,3% dos professores de Física e dos professores de Ciências do Desporto afirmaram que o conteúdo da disciplina de Física é relevante para as necessidades da sociedade, pelo que os alunos gostam das competências e dos conhecimentos adquiridos na disciplina de Física porque são relevantes para as exigências da sociedade.

Os resultados do estudo mostram que a atitude positiva dos estudantes foi desenvolvida através do amor e do muito valor que expressam enquanto aprendem a disciplina de física, e as atitudes positivas foram desenvolvidas e melhoradas em função do método de ensino utilizado por um professor, no caso de os estudantes não estarem satisfeitos ou interessados, o método de ensino pode ser alterado para um que os ajude e encoraje a participar ativamente na atividade. Defendem também que a atitude geral dos alunos é positiva, dependendo de como os alunos estão a gostar e a apreciar os conteúdos de física em vez do professor de física ou de outros educadores da escola, e uma atitude positiva é desenvolvida devido ao facto de observarem como as competências e conhecimentos de física estão relacionados com as situações da vida quotidiana e como estão ligados às exigências da sociedade.

4.6.3. Opinião dos professores e DOSs sobre o controlo das formações de atitudes em relação à educação física através da utilização de estratégias de ensino

Este estudo procurou diferentes estratégias de ensino utilizadas para reforçar a formação de uma atitude positiva dos alunos em relação à disciplina de física no primeiro ciclo do ensino secundário. Foi pedido aos participantes que escolhessem uma estratégia que utilizassem frequentemente nas aulas de física, relacionando-a com a forma como é utilizada para melhorar a aprendizagem dos alunos nas aulas de física. Os resultados são apresentados no Quadro 10:

Tabela 10. Perceção dos professores de física e dos DOSs sobre o controlo da formação de atitudes em relação às disciplinas de física

Artigos	Nunca		por vezes		Frequentemente		Muito frequentemente		Sempre	
	№	%	№	%	№	%	№	%	№	%
Utilizar comentários positivos	0	0.0	1	9.1	0	0.0	2	18.2	8	72.7
Utilização de material didático	0	0.0	0	0.0	0	0.0	8	72.7	3	27.3
Dar feedback frequente	0	0.0	0	0.0	1	9.1	2	18.2	8	72.7
Proporcionar uma intenção individual	0	0.0	0	0.0	1	9.1	6	54.5	4	36.4
Dar incentivos	0	0.0	5	45.5	3	27.3	2	18.2	1	9.1
Conhecer os alunos pelo nome	0	0.0	0	0.0	2	18.2	4	36.4	5	45.5

Os resultados do Quadro 10 mostram que 72,7% dos professores de Física e dos professores de Educação Física afirmaram que utilizam comentários positivos, utilizam material didático e dão feedback frequente no ensino e na aprendizagem da Física, especialmente na disciplina de Física. Mostra também que 54,5% dos professores de Física e dos professores de Educação Física afirmaram que dão intenções individuais aos seus alunos com muita frequência. 45,5% dos professores de Física e DOSs afirmaram que por vezes dão incentivos e que sabem sempre os nomes dos seus alunos.

A maioria dos professores salientou que faz comentários positivos, utiliza material didático e dá feedback frequente no ensino e aprendizagem da disciplina de Física, o que contribui para melhorar a atitude dos alunos. Atualmente, os alunos do ensino secundário inferior não estão motivados para aprender as disciplinas de ciências. Por conseguinte, os professores incentivam os seus alunos a recriar o envolvimento na disciplina e, quando o seu envolvimento aumenta, o seu desempenho é melhor. Além disso, é importante que os professores descrevam como podem aprender ciências, resolver problemas relacionados com a física e como estão a trabalhar nas actividades da disciplina, tais como trabalhos de casa, exercícios e testes, mostrando o objetivo da educação e como esta será utilizada no seu futuro. Por conseguinte, a motivação do aluno, os comentários positivos e o feedback frequente desenvolvem atitudes positivas no aluno e aumentam o seu empenho e desempenho na disciplina aprendida.

4.6.4. Métodos de ensino para motivar e aumentar o empenhamento dos alunos na aprendizagem da Física

Este estudo privilegiou os pontos de vista dos professores de física e dos DOSs sobre a forma de motivar os alunos no ensino e na aprendizagem da física. Estes métodos de ensino destinavam-se a reforçar a formação de uma atitude positiva dos alunos em relação à disciplina de física. Os resultados das conclusões são apresentados no Quadro 11, como se segue:

Tabela 11. Opiniões dos professores e dos DOSs sobre diferentes métodos de ensino que motivam e aumentam o empenhamento na aprendizagem dos alunos

Métodos de ensino	Nunca		por vezes		Frequentemente		Muito frequentemente		Sempre	
	№	%	№	%	№	%	№	%	№	%
Brainstorming	0	0.0	0	0.0	2	18.2	5	45.5	4	36.4
Discussão em grupo/classe	0	0.0	0	0.0	1	9.1	5	45.5	5	45.5
Trabalho de projeto	3	27.3	5	45.5	2	18.2	0	0	0	0.0
Método centrado no professor	1	9.1	10	90.9	0	0.0	0	0.0	0	0.0
Método de visita ao terreno	6	54.5	3	27.3	2	18.2	0	0.0	0	0.0
Jogo de papéis	0	0.0	4	36.4	4	36.4	3	27.3	0	0.0
Trabalhos práticos	0	0.0	4	36.4	2	18.2	4	36.4	1	9.6
Trabalho de estudo	0	0.0	2	18.2	2	18.2	4	36.4	3	27.3

Os resultados do Quadro 11 indicam que 90,9% dos professores de Física e dos professores de Educação Física afirmaram que os métodos de ensino, como a abordagem centrada no professor, são utilizados por vezes. Indica que 45,5% dos professores de Física e dos professores de Educação Física afirmaram que métodos de ensino como a discussão em grupo/turma são utilizados sempre e muito frequentemente no ensino da Física. Indica que 45,5% dos professores de Física e dos professores de Educação Física afirmaram que métodos de ensino como o brainstorming são utilizados com muita frequência e que o trabalho de projeto é utilizado por vezes. 36,4% dos professores de Física e dos professores de Psicologia afirmaram que o método de ensino como o trabalho prático é utilizado muito frequentemente e por vezes na prática da Física e que outros métodos como a dramatização são utilizados frequentemente, dependendo do tópico a ensinar, bem como o método de ensino como o trabalho de estudo é utilizado muito frequentemente e a dramatização é utilizada por vezes, dependendo do tópico a ensinar.

Os resultados mostram que os métodos de ensino, como o centrado no professor, são por vezes utilizados nas aulas de física, o que significa que diminuem o empenhamento dos alunos e conduzem à criação de atitudes negativas. Além disso, mostra que a discussão em grupo/turma, quando utilizada com frequência, ajuda os alunos a motivarem-se e a criarem interesse pela disciplina. Além disso, os resultados do estudo mostram que a atitude dos alunos em relação à Física melhorou em função dos métodos de ensino frequentemente utilizados nas aulas, o que leva à criação de uma atitude positiva dos alunos em relação à disciplina, o que provoca o empenhamento dos alunos, bem como um melhor desempenho na disciplina. A contribuição para o desenvolvimento da atitude dos alunos depende dos métodos de ensino a utilizar: trabalho prático, jogo de papéis e trabalho de estudo. As atitudes positivas em relação à disciplina foram criadas e melhoradas, o que irá aumentar (mais) o seu empenhamento e desempenho, mas estes métodos não são utilizados frequentemente no ensino da Física. Por conseguinte, criam-se atitudes negativas em relação à disciplina de física, o que diminui o seu empenho na sala de aula, bem como o seu desempenho académico

4.7. Atribuição de factores que dificultam o desempenho académico do aluno em Física

Foi pedido aos alunos que assinalassem quaisquer outras variáveis que considerassem como fator de sucesso no domínio das disciplinas de Física. A Tabela 11 apresenta um resumo dos resultados do estudo. As respostas dos alunos foram listadas da seguinte forma: **S-Sim, N-Não e N-Não tenho a certeza.**

Tabela 12. Outros factores que influenciam as atitudes dos alunos em relação à disciplina de física

Outros factores que influenciam as atitudes dos alunos em relação à física		Y	N	NS
Um professor de física pode fazer com que se passe a física	№	158	60	16
	%	67.5	25.6	6.8
Os meus pais nunca foram bons em física	№	91	92	51
	%	38.9	39.3	21.8
Não faço qualquer esforço pessoal para melhorar	№	66	144	24
	%	28.2	61.5	10.3
Não tenho qualquer capacidade ou talento; o assunto é difícil.	№	88	106	40
	%	37.6	45.3	17.1
Os meus amigos detestam física	№	91	87	56
	%	38.9	37.2	23.9
É difícil passar a Física, sobretudo nesta escola	№	105	89	40
	%	44.9	38.0	17.1
Não tenho qualquer interesse futuro na física ou nas áreas relacionadas com a disciplina de física	№	121	53	60
	%	51.7	22.6	25.6

Os resultados do estudo na Tabela 11 mostram que 67,5% dos estudantes afirmaram que só podem passar nos testes ou exames de Física com a ajuda do professor, o que indica que 61,5% dos estudantes afirmaram que podem fazer melhorias pessoais para melhorar o seu desempenho na disciplina de Física. O facto de 51,7% dos alunos não terem qualquer interesse futuro na Física e de o que tencionam fazer ou trabalhar não estar relacionado com a Física indica que 45,3% dos alunos concordam que a disciplina de Física não é difícil. Que têm capacidade ou talento para tirar boas notas nos exames ou testes de Física quando se esforçam ou fazem uma atividade extra, mostra que 44,9% dos alunos disseram que podem ter um bom desempenho em Física e que também é possível tirar boas notas na escola, e mostra que 38,9% dos alunos têm amigos que não se interessam pela aprendizagem da Física.

Os estudantes confiantes estão mais seguros de si próprios quando realizam problemas de física. Estão conscientes do facto de que os factores que podem controlar, tais como fazer um esforço considerável para melhorar, têm um efeito imediato no desempenho. Este facto pode também ser considerado como sugerindo que os estudantes estão conscientes dos padrões mínimos em Física para outros cursos do seu interesse e que trabalhariam para cumprir esses padrões, fazendo menos esforço para se desenvolverem. Os estudantes compreendem o que é necessário para ter êxito em Física, mas a maioria deles considera que tem pouca motivação. Embora a maioria dos estudantes se sinta desmotivada porque acredita que pode mudar para outras disciplinas não relacionadas, pode cumprir os requisitos, acreditando que pode ter um melhor desempenho se comparar com a disciplina de Física. Este facto pode diminuir o seu nível de confiança e o seu desempenho na disciplina. Foi pedido aos alunos que avaliassem o seu desempenho na parte de física do exame ou teste anterior. Os alunos atribuíram ao seu desempenho em física uma classificação de muito bom, bom, inferior ou abaixo da média.

O facto de a Física ser sempre obrigatória na maioria dos cursos levou os alunos a reconhecerem que é fundamental para o seu futuro. A maioria dos alunos argumentou que não faz qualquer esforço especial para desenvolver ou escolher profissões em áreas afins, pelo que se limita a tentar cumprir este requisito mínimo ou a ingressar noutros cursos onde a disciplina não é obrigatória. As perspectivas, o grau de participação e a educação dos pais afectam fortemente a forma como os filhos se sentem em relação à disciplina e, consequentemente, o seu desempenho académico. O envolvimento dos pais pode assumir muitas formas diferentes, como prestar assistência, falar sobre problemas, ajudar em trabalhos difíceis, oferecer necessidades e participar em actividades extracurriculares.

Ao fornecerem a avaliação dos recursos para a educação e ao terem atitudes e ideais específicos em relação à aprendizagem dos filhos, os pais podem encorajá-los a procurar objectivos e desejos educativos elevados. Por conseguinte, a perceção (atitude) do aluno em relação à física e as expectativas de sucesso são influenciadas pela visão das competências em física. Os pais que nunca tiveram um bom desempenho na disciplina procuravam atitudes negativas por parte dos seus filhos pequenos e tentavam sempre convencê-los de que a disciplina era uma dificuldade para eles enquanto estavam na escola. Outros pais podem não compreender o objetivo da física que os filhos estão a fazer e não dar instruções ou acabar por fazer comentários críticos que também podem encorajar o desenvolvimento de uma atitude negativa em relação à disciplina de física.

4.8. Opinião dos alunos, dos professores de física e de Doss sobre a procura de recomendações para melhorar as atitudes dos alunos do ensino secundário em relação à disciplina de física

Este estudo procurou revelar recomendações sobre a forma como as atitudes dos alunos em relação às disciplinas de física afectam o seu empenho e desempenho no ensino secundário inferior. Um investigador pediu aos participantes que respondessem SIM ou NÃO se procuravam uma recomendação para melhorar as atitudes dos alunos em relação à melhoria ou não, respetivamente. O resultado é apresentado no Quadro 13 abaixo:

Mesa 13. Opinião dos alunos, professores de física e DOSs sobre a procura de recomendações sobre como desenvolver e melhorar as atitudes dos alunos

Declaração	Resposta dos alunos	№	%
De acordo com a sua opinião, acha que se pode fazer algo de novo para melhorar a atitude dos alunos e influenciar o seu empenho e desempenho na disciplina de física?	SIM	177	75.6
	NÃO	57	24.4
	Os professores e a resposta de Doss	**Não**	**%**
	SIM	11	100.0
	NÃO	0	0.0

O resultado do quadro acima mostra que 100,0% dos professores de Física e dos DOSs responderam afirmativamente quando um investigador lhes perguntou se havia alguma coisa que pudesse ser feita para melhorar as atitudes dos alunos, porque quando as suas atitudes em relação à disciplina de Física melhoram, afectam o seu empenho e desempenho na disciplina. Além disso, 75,6% dos estudantes que participaram no estudo afirmaram que recomendaram a forma como a Física pode ser ensinada na sua escola e como podem intervir. Isto mostra que, se a recomendação que pediram for feita, a disciplina pode ser mais fácil para eles, em vez de a considerarem uma disciplina difícil. Isto leva à criação de uma atitude positiva em relação à disciplina de física. Todos os outros intervenientes no ensino trabalham em equipa para conseguir um melhor envolvimento e desempenho dos alunos na disciplina de Física. Os resultados apresentados no Quadro 13 também estão representados nas Figuras 3 e 4, como se segue:

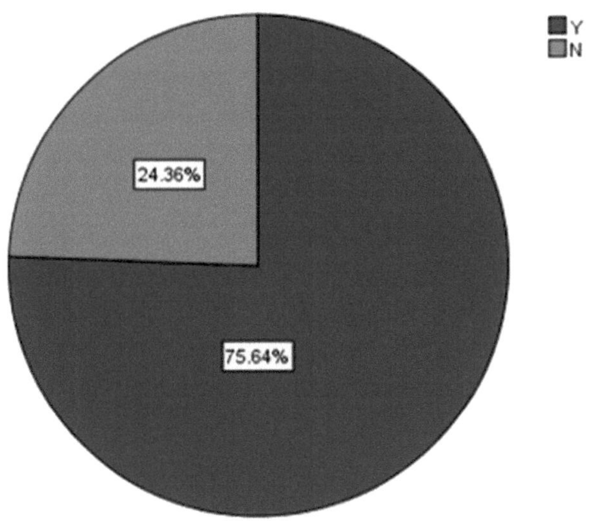

Figura 3: Gráfico de pizza das opiniões dos estudantes sobre a recomendação

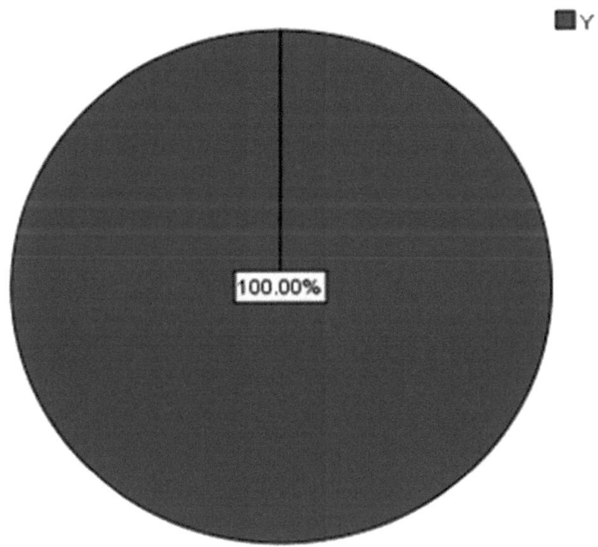

Figura 4: Recomendação dos professores de física e opiniões dos DOSs

As Figuras 3 e 4 representam as percentagens dos participantes neste estudo, tais como os alunos do terceiro ano do ensino secundário (S3), os professores de física e os DOS, sobre a forma como procuram uma recomendação. Um investigador também lhes pediu que sugerissem o que pensam que pode ser feito para melhorar a atitude. As perspectivas dos alunos são as seguintes "*o aumento do interesse pela física para a criação de auto-motivação, a disponibilização de professores de física profissionais com formação contínua, a disponibilização de equipamento de laboratório para que possam estar equipados para as práticas de física, a disponibilização de livros de física suficientes para os ajudar a estudar, o conteúdo de física deve ser reduzido devido ao facto de o conteúdo de física no ensino secundário inferior ser demasiado, a disponibilização de supervisão do professor, verificando se os conteúdos de física estão a ser ensinados corretamente, o professor deve motivar os alunos, realçando a utilização da física em situações da vida real e a forma como as competências e os conhecimentos adquiridos na disciplina podem ter impacto na sua vida futura, os métodos de ensino utilizados no ensino da física devem ser alterados de acordo com as capacidades dos alunos, em que todos os alunos participam ativamente no ensino e na aprendizagem, os alunos também precisam de trabalhar arduamente e fazer uma revisão repetida para estarem equipados com conhecimentos de conteúdos de física*".

Além disso, os professores de física e os DOSs fizeram diferentes recomendações sobre a forma como as atitudes dos alunos podem ser melhoradas em relação à disciplina de física, a fim de reforçar a participação e os resultados dos seus alunos: "*os professores de física utilizam abordagens centradas no aluno e utilizam materiais didácticos no ensino da física, dão feedback eficaz aos alunos, ajudam os alunos a realizar muitas experiências, tanto quanto possível, a administração das escolas proporciona a competição interna nas disciplinas de ciências e matemática, como a física, e recompensa os melhores desempenhos, oferece incentivos aos professores e aos alunos, e os alunos devem ser avaliados regularmente e aprender fazendo, o que significa que precisam de actividades práticas na disciplina de física para reflectirem que a disciplina de física é aplicável numa situação da vida real*".

CAPÍTULO 5: DEBATES, CONCLUSÕES E RECOMENDAÇÕES

5.1. Introdução

Este capítulo apresenta uma discussão dos resultados, conclusões e recomendações do estudo. As lacunas do estudo serão apresentadas neste capítulo, juntamente com sugestões para estudos adicionais.

5.2. Discussão dos resultados

Este estudo teve como objetivo avaliar o impacto das atitudes dos alunos no seu empenho e desempenho em Física no terceiro ano do ensino secundário inferior: um estudo de caso no distrito de Rwamagana, Ruanda. Os objectivos específicos eram identificar a atitude dos alunos do ensino secundário inferior em relação à disciplina de Física, avaliar o impacto das atitudes dos alunos no seu empenho e desempenho em Física; e procurar recomendações sobre como melhorar o empenho e o desempenho dos alunos através do controlo da formação de atitudes. A entrevista de respostas fechadas ou fixas foi administrada aos estudantes, professores e DOSs. Os resultados estão resumidos a seguir:

5.2.1. Factores que influenciam a atitude dos alunos em relação à disciplina de Física

Os resultados do estudo mostram que o trabalho árduo e o esforço dos alunos afectam o seu desempenho na disciplina de Física. Revelam que o trabalho árduo é a fonte de aptidões e capacidades e que a mudança dos alunos está associada à melhoria da aprendizagem. Revela que um pequeno número de alunos está motivado para estudar física e outras disciplinas, está empenhado em algumas actividades da aula, como trabalhos de casa, exercícios extra, leitura de livros e acompanhamento atento na sala de aula, e está ligado a futuras oportunidades de carreira. Salientou também que, se observarem a mudança em termos de melhor desempenho, a aprendizagem da física não será difícil. Isto mostra que a melhoria do desempenho é um reflexo de uma atitude positiva.

A disciplina de física está classificada como sendo a menos bem sucedida nas escolas quando comparada com outras disciplinas, o que é um fator importante que cria atitudes negativas em relação a esta disciplina. Uma atitude negativa leva a um fraco desempenho numa disciplina, porque os alunos não conseguem ter êxito e aceitam que o fraco desempenho é normal. A motivação dos alunos é baixa, o que cria um envolvimento passivo nas actividades da sala de aula, uma vez que não estão interessados na disciplina e também não associam os conhecimentos e competências adquiridos na disciplina a novas oportunidades de carreira no futuro. Muitos estudantes argumentam que vão enveredar por outras carreiras em que os conhecimentos e competências em física não são aplicáveis.

5.2.2. Efeitos da atitude no desempenho académico

Os resultados do estudo mostram que os alunos que gostam e apreciam a disciplina de física estão motivados para trabalhar arduamente, este fator leva à criação de uma melhoria do desempenho, sendo que a melhoria do desempenho é descrita como a obtenção de boas notas num teste ou exame. Os alunos interessados estão motivados para trabalhar mais na disciplina, prestam atenção ao ensino na sala de aula e têm um melhor desempenho do que aqueles que não estão interessados e fazem actividades relacionadas com a disciplina, mesmo que não haja um professor de física disponível.

5.2.3. Efeitos da atitude no empenho académico

Os resultados do estudo mostram que os alunos participam no ensino e na aprendizagem, analisando e questionando-se sobre os erros que cometeram se obtiveram más notas numa disciplina de física. Mostram também que elaboram e transformam os conteúdos de física nas suas palavras para melhorar a sua compreensão, e questionam-se a si próprios para verificar se os conteúdos da disciplina são claros e bem compreendidos. Resolvem problemas múltiplos e acompanham atentamente a aula. As diferentes características melhoradas dos alunos mostram a formação de atitudes positivas que influenciam o envolvimento na sala de aula para a aprendizagem da física. Além disso, existem outros factores que mostram que criam atitudes negativas no aluno e causam um envolvimento passivo na disciplina, estes factores são: estão nervosos quando começam a trabalhar no novo capítulo de física, e o seu pensamento torna-se uma maravilha durante e depois da aula de física.

O estudo mostra que os professores devem utilizar estratégias de ensino para controlar a formação da atitude e a melhoria da atitude positiva dos alunos em relação à disciplina de física, as estratégias de ensino criam um envolvimento positivo, uma vez que o envolvimento na aula aumenta o seu interesse e a sua motivação, levando a uma melhoria do desempenho. Além disso, mostra que os professores e os DOSs concordam que as abordagens pedagógicas, quando utilizadas frequentemente no ensino e na aprendizagem, conduzem à criação de um envolvimento dos alunos na disciplina, como o trabalho prático, a dramatização e o trabalho de projeto, que são utilizados com frequência, devido às características e à localização da escola. Estes diferentes métodos de ensino utilizados para estimular o espírito dos alunos, a melhoria do envolvimento dos alunos levou à formação de uma atitude positiva e à melhoria da atitude, bem como a um melhor desempenho na disciplina de Física. Além disso, mostra que, por vezes, é utilizada uma abordagem centrada no professor, o que leva a uma diminuição do interesse dos alunos, da sua motivação e da sua paciência em relação à disciplina de física, razão pela qual se verificou a criação de atitudes negativas, um menor envolvimento dos alunos na sala de aula, bem como um melhor desempenho académico.

Os resultados do estudo mostram que os estudantes, os professores e os DOS defendem que há algo que pode ser feito para melhorar a formação de atitudes positivas, o desenvolvimento de atitudes, o empenho académico e o desempenho académico na disciplina de Física. Sugerem recomendações que podem ser feitas pelo governo, pelos responsáveis pela educação escolar, pelos pais e por outros sectores não governamentais, bem como pelos estudantes.

5.3. Conclusões

- Observou-se no estudo que os alunos reconhecem a importância da disciplina de Física, pelo que a atitude está relacionada com os pais, a pressão dos pares (factores sociais), a aprendizagem anterior, o condicionamento, a observação, a experiência e o interesse pela aprendizagem. Estas diferentes atitudes influenciam a aprendizagem de forma negativa ou positiva. Os professores e outros responsáveis pela educação têm de estar conscientes do controlo de algumas delas, porque algumas afectam negativa ou positivamente o empenho e o desempenho dos alunos. Podem controlá-las utilizando estratégias e métodos de ensino que os ajudem a participar em todas as actividades de física nas aulas e que sejam pré-requisitos para aumentar o interesse, a motivação, a vontade e a paciência dos alunos em relação à disciplina, como comentários positivos e feedback frequente para a criação de atitudes positivas nos alunos em relação às disciplinas de física.

- Os alunos devem ser confrontados com perguntas estimulantes que lhes permitam melhorar a sua capacidade de raciocínio e desenvolver o pensamento crítico e a capacidade de resolução de problemas. Os alunos precisam de ser frequentemente recordados da importância da disciplina de física, para obterem um bom desempenho na disciplina. Devem também discutir a importância da disciplina de física relacionando-a com aplicações do mundo real, para os motivar, observando a realidade de como os conhecimentos e as competências da física são aplicáveis em situações da vida real. Isto exige um trabalho suplementar por parte dos professores e de outros responsáveis pela educação para desenvolver atitudes positivas nos alunos, destacando bons métodos de ensino em função das aptidões e capacidades dos alunos.

- Observou-se também que a atitude do aluno deve ser controlada desde cedo, pois pode afetar negativa ou positivamente o seu empenho e desempenho. Este estudo mostra que alguns alunos não relacionam os conhecimentos adquiridos com a disciplina porque não sabem como, onde e quando são aplicáveis em situações da vida real. Os professores e outros responsáveis académicos devem explicar a todos os alunos a importância dos conhecimentos de Física, bem como de outras disciplinas científicas.

5.4. Recomendações

O estudo procurou identificar o impacto das atitudes dos estudantes no empenho e desempenho académicos e apresentou as seguintes recomendações

- O governo e outros intervenientes no sector da educação devem investir nas infra-estruturas escolares, nomeadamente no material escolar, e na formação dos professores, a fim de os capacitar e aumentar o seu nível de confiança.

- É necessária uma atitude positiva em relação à disciplina de física, mesmo que os alunos tenham um melhor desempenho e quando o seu empenho é menor. Por conseguinte, todos os intervenientes na educação devem empenhar-se no desenvolvimento da formação de uma atitude positiva dos alunos.

- Os alunos precisam de comparar a física com outras disciplinas, precisam de olhar para as verdadeiras causas das atitudes negativas, em vez de pensarem que a experiência do professor de física e o desempenho anterior da escola são a causa do seu mau desempenho.

- O professor deve utilizar métodos de ensino e estratégias de ensino adequados em função do conteúdo da disciplina e da capacidade dos alunos durante o ensino da disciplina de Física, para criar atitudes positivas em relação à disciplina.

5.5. Sugestão para investigação futura

Este estudo foi realizado no distrito de Rwamagana, podendo ser realizado um estudo semelhante noutros distritos do país.

REFERÊNCIAS

Ahmad, A. R. (2013). Aprendizagem ativa através da disciplina de história para a unidade racial na Malásia. he Social Science, 19-24.

Ajzen Icek, F. M. (2000). Atitudes e a relação atitude-comportamento: Reasoned and automatic processes. European Review of Social Psychology- EUR REV SOC PSYCHOL, 11. doi:10.1080/14792779943000116

Akinbobola, A. O. (2009). Melhorar a atitude dos alunos em relação à Física no ensino secundário nigeriano através da utilização de estratégias de aprendizagem cooperativas, competitivas e individualistas. Australian Journal of Teacher Education, 1-9. Retirado de https://doi.org/10.14221/ajte.2009v34n1.1

Altinok, H. (2004). Teacher Candidates' Evaluations of their Teaching Competencies in Hacettepe University. Jornal da Educação, 26(4), 1-8.

Arsaythamby Veloo, R. N. (2015). PAttitude towards Physics and Additional Mathematics achievement towards physics achievement. International Education Studies, 8, No.3(1913-9020). doi:10.5539/ies.v8n3p35

Audas, R. &. (2002). Envolvimento e abandono escolar: A life-course perspective. Secção de Investigação Aplicada, Desenvolvimento de Recursos Humanos do Canadá.

Awang, M. M. (2013). Estratégias de ensino eficazes para incentivar. IOSR Journal of Humanities and Social Sciences, 35-40. Recuperado de http://dx.doi.org/10.9790/0837-0823540

Awodun, A. O. (2014). Variáveis dos alunos como preditores do desempenho dos alunos do ensino secundário em Física. Revista Internacional de Publicações Científicas e de Investigação, 2.

Bamidele, L. (2004). O fraco desempenho dos estudantes em Física. A bane to our Nation's Technological Development. Nigerian Journal of Science Education and Practice, 174.

Bandura. (1973). Aggression: A social learning analysis. Englewood Cliffs, NJ: Prentice-Hall.

Basri Hassan, A. S. (2020). Teoria de aprendizagem do condicionamento. Jornal de revisões críticas, 7. Recuperado em 1 17, 2022, de 10.31838 / jcr.07.08.378

Beniwall, R. P. (2017). Lidar com a pressão dos pares. Jour, 13-16.

Bennett, J. (2003). Ensinar e aprender ciências: A Guide to Recent Research and its Applications. London: Continuum.

Boyuk, H. K. (2011). Atitude dos alunos do ensino secundário em relação às aulas de física e às experiências físicas. European J of Physics Education, 2-5.

Chieu, V. M. (2005). Aprendizagem construtivista: Uma abordagem operacional para a conceção de um ambiente de aprendizagem adaptativo que apoie a flexibilidade cognitiva membres du jury.

Croix, M. X. (2016). A atitude dos estudantes de Física em relação à Física na Faculdade de Ciências e Tecnologia. Jornal de Educação do Ruanda, 1.

Dagnew, A. (2017). A relação entre as atitudes dos alunos em relação à escola, os valores da educação e a motivação para a realização e o desempenho académico nas escolas secundárias de Gondar, Etiópia. (B. d. Ethiopia, Ed.) Investigação em Pedagogia, 7(1), 30-42. doi:10.17810/2015.46

Damianus Abun, T. M. (2019, 10 23). Atitudes cognitivas e afetivas dos estudantes universitários em relação ao ensino superior e seu engajamento acadêmico. Revista Internacional de Inglês, Literatura e Ciências Sociais, 4(5), 1495. Recuperado em 10 7, 2022

Dictionary, E. (2004). Um livro de referência da Bloomsbury criado a partir do Bloomsbury of World English.

Dressel, M. &. (1998). Diferenças de género no ensino das ciências: The double-edged role of prior knowledge in Physics. Roeper revolution, 21, 102-107.

Edinyang, S. D. (2016). O significado das teorias de aprendizagem social no ensino da educação de estudos sociais. Revista Internacional de Investigação em Sociologia e Antropologia, 2(1), 40-45.

Eichelaub, M. &. (2019). Blending physical knowledge with mathematical form in physics problem-solving. in Pospiech G., Michelini M., BS,(eds) mathematics physics education. Springer, Cham., PP 127-151.

Erinosho, S. Y. (2013). Como é que os alunos percebem a dificuldade da física no ensino secundário? um estudo exploratório na Nigéria. (O. O. University, Ed.) Revista Internacional para Assuntos Transdisciplinares em Educação (IJCDSE), 3(3).

PESD. (2010). Programa de desenvolvimento do sector da educação IV (PEDS IV): Ministério Federal da Educação. República Federal Democrática da Etiópia.

Esiobu, G. (2005). Genre Issues in Science and Technology Education Development (Questões de Género no Desenvolvimento da Educação Científica e Tecnológica). (U. E. Uwowi, Ed.) Science and Technology Education for Development. Recuperado em 10 8, 2022

Guba, E. &. (1981). Os paradigmas de investigação implicam metodologias de investigação? Educational Communication and Technology Journal, 98-91.

Hoskins, S. L. (2005). Motivação e capacidade: Que alunos utilizam a aprendizagem em linha e que influência tem no seu desempenho? British Journal of Educational Technology.

Ibrahim, N. A. (2019). Atitude na aprendizagem de física entre os alunos do quarto ano. Revista de Investigação Social e de Gestão, 16(2), 19-24.

iEduNote. (2022, 11 6). 3 componentes das atitudes. Recuperado de www.iedunote.com: https://www.iedunote.com/components-of-attitudes

iEduNotes. (2016, 12). (S. Kangal, Editor, & Google) Recuperado em 27 de dezembro de 2021, do Google: https://www.iedunote.com/learning-theories

Jari Lavonen, R. B. (2012, 2 15). Interesse dos alunos pela Física: Um inquérito na Finlândia.

Javier Dı'ez-Palomar, R. G.-C. (2022). Transformando as atitudes dos alunos em relação ao ganho por meio do uso de ações educacionais bem-sucedidas. Artigo de investigação, 2-3.

Joao Guassi Moreira, S. M. (2018). Pais Versus Pares: Avaliando o Impacto dos Agentes Sociais na Tomada de Decisão em Jovens Adultos. Sage Journals, 29(9). Recuperado em 11 7, 2022, de https://doi.org/10.1177/0956797618778497

Johansson, A. (2018). A formação de perspectivas de discurso e identidade de estudantes de física bem-sucedidos sobre a física universitária. (U. Universitet, Ed.) Digital Comprehensive Summaries of Uppsala Dissertations from the Faculty of Science and Technology, ISBN 978-91-513-0413(ISSN 1651-6214).

Kabil, S. M. (2018). Uma atitude positiva pode mudar uma vida. Jornal da Associação de Professores da Universidade de Chittagong, 3-4. Recuperado em 6 de setembro de 2022

Kendra Cherry. (2022, 9 6). Atitude em psicologia. Recuperado de Verry well mind: https://www.verywellmind.com/attitudes-how-they-form-change-shape-behavior-2795897

Kerlinger, F. N. (1979). Founded of Behavioral Research. New York: Rinehart and Winstern Inc. Recuperado em 8 26, 2022, de https://egyankosh.ac.in/bitstream/123456789/23411/1/Unit-2.pdf

Kindermann, T. (2018). O grupo de pares influencia a motivação académica dos alunos. Research Gate.

Kivunja, C. K. (2017). Compreender e aplicar paradigmas de investigação em contextos educativos. Revista Internacional do Ensino Superior, 6(5), 26-30.

Klassen, R. M. (2007). Academic procrastination of undergraduates: Low self-efficacy to self-regulate predicts higher levels of procrastination. Contemporary Educational Psychology, 915-931.

Krapp, A. (2002). Aspectos estruturais e dinâmicos do desenvolvimento do interesse: considerações teóricas a partir de uma perspetiva autogenética. Learning and Instruction, 348-409.

Kuczmann, I. (2017, 12 11). A estrutura do conhecimento e as conceções erradas dos alunos em física. Actas da Conferência AIP 1916, 050001. Recuperado de https://doi.org/10.1063/1.5017454.

Kumar. (2006). Research Methodology. New Dlhi: Dorling Kingsley.

Kural Mehmet, K. M. (2016). Ensinar para uma mudança concetual quente: rumo a um novo modelo, para além dos tons frios e quentes. Revista europeia de estudos de educação, 2(8). Recuperado de www.oapub.org/edu

Lacambra, W. T. (2016). Desempenho académico do aluno em física 1: Bases para a melhoria do ensino e da aprendizagem. IISTE(2224-5766 ISSN (Online) 2225-0484 (Online)).

Langat, A. C. (2015). As atitudes dos alunos e os seus efeitos na aprendizagem e nos resultados em Matemática: um estudo de caso de escolas públicas no Condado de Kiambu. Imprensa KNEC.

Leal Filho, W. R. (2018). O papel da transformação na aprendizagem e educação para a sustentabilidade. Journal of Cleaner Production, 286-295. doi:10.1016/j.jclepro.2018.07.017

Magno, C. (2003). Relação entre a atitude face ao ensino técnico e o desempenho académico em Matemática e Ciências do primeiro e segundo anos do ensino secundário. Filipinas: Caritas Don Bosco.

Marg, S. A. (2013). Pedagogia da ciência: Livro didático de ciências físicas para B.Ed. Parte 1. Divisão de Publicações. Recuperado em 4 24, 2022, de https://ncert.nic.in/desm/pdf/phy_sci_partI.pdf

Maslow, A. (1970). Motivation and personality. Nova Iorque: Harper.

Mbonyiryivuze, A. Y. (2021). Atitudes dos alunos em relação à física nos nove anos do ensino básico no Ruanda. Revista Internacional de Avaliação e Investigação em Educação, 10(2), 648-653. doi:http://ijere.iaescore.com

Mc Dowell, L. (1997). Assessment as a tools for learnig. Estudo da avaliação da educação, 23, 271-298.

McNamara, C. (2022). Directrizes gerais para a realização de entrevistas de investigação. Biblioteca de Gestão. Recuperado em 8 26, 2022, de https://managementhelp.org/businessresearch/interviews.htm

MHRDGDI. (2020). Política nacional de educação 2020. Revista de Educação e Práticas.

MINEDUC. (2016). Anuário estatístico da educação. Associação de Editores e Livreiros do Ruanda.

MINEDUC. (2017). Relatório sobre as fracções variáveis ligadas a dois indicadores. Associação de Editores e Livreiros do Ruanda.

MINEDUC. (2018). Ministério da Educação: plano estratégico setorial. Editora do Ruanda.

MINEDUC. (2018). Ministério da Educação-Ministério da Educação: Estatísticas da Educação 2018. Kigali: Ministério da Educação. Obtido em 4 25, 2022, de https://www.mineduc.gov.rw/publications?

MINEDUC. (2019). Estatísticas da educação de 2019. Kigali: Ministério da Educação. Obtido em 4 25, 2014, de https://www.mineduc.gov.rw/publications?

MINEDUC. (2020). Anuário estatístico da educação 2020/21. Kigali: Ministério da Educação. Obtido em 4 25, 2022, de https://www.mineduc.gov.rw/publications?

Mohd Mahzan Awang, A. R. (2013, 9 26). As atitudes dos estudantes e o seu desempenho académico na educação nacional. Estudos Internacionais de Educação, 6(1913-9020), 4. doi:10.5539/ies.v6n11p21

Motanya, B. N. (2018). Impacto da atitude do aluno no desempenho em matemática entre os alunos do ensino secundário público em Masaba North Sub County, Nyamira County. Imprensa KNEC.

N Diana, I. K. (2019). Melhorando o desempenho dos alunos do ensino médio em física usando habilidades de processo científico. Jornal de Física, 2. doi:10.1088/1742-6596/1460/1/012127

Neidorf, T. A. (2020). Conceções erradas e erros dos alunos em física e matemática: explorando dados do TIMSS e do TIMSS advanced. IEA Research for Education, Springer Open, volume 9. Recuperado de http://www.springer.com/series/14293

Newmann, F. M. (1992). The significance and sources of student engagement. Em F. M. Newmann (Ed.), Student engagement and achievement in American secondary schools. Teachers College Press, 11-39.

Nicolaou, C. T. (2015). As emoções dos alunos do ensino básico quando exploram uma questão sociocientífica autêntica através da utilização de modelos. Science Education International, 26(2), 240-259.

Niekerk, C. V. (2011, 11 24). Equívocos dos alunos num exame de física do 12.º ano de alto risco. (U. o. Joanesburgo, Ed.) Joanesburgo.

Nkwo, N. I. (2008). Efeito do conhecimento prévio dos objectivos de ensino no desempenho dos alunos em conceitos difíceis seleccionados em física do ensino secundário nigeriano. African Research Review, 2(1).

Patton. (2002). Métodos de avaliação de sna de investigação qualitativa. Capítulo 7: Entrevista Qualitativa. (Vol. Terceira edição). Sage Publications, Inc.

Poonam Dhull, R. D. (2019). Lidar com a pressão dos pares. Research Gate, 2-5.

Rabin, J. M. (2021). Conversas interdisciplinares na educação STEM: Os professores podem entender-se melhor do que os seus alunos? Revista Internacional de Educação STEM, 8(1).

Reddy, M. V. (2017). Estudantes dificuldades de resolução de problemas e implicações em física: um estudo empírico sobre fatores de influência. (S. T. College, Ed.) Revista de Educação e Prática, Vol.8, No.14, 2017(ISSN 2222-1735 (Paper) ISSN 2222-288X (Online)).

Reeve, J. &. (2014). O envolvimento dos alunos na sala de aula produz mudanças longitudinais na motivação na sala de aula. Journal of Educational Psychology, 106(2), 527-540.

Reif, F. (2008). Aplicação das ciências cognitivas à educação: Thinking and learning in scientific and other complex domains (Pensar e aprender em domínios científicos e outros domínios complexos). MIT Press.

Rihtaric, M. L. (2015). Peer pressure na adolescência- Limites e possibilidades. Research Gate, 3-5.

Sabella, M. R. (2007). Organização e ativação do conhecimento na resolução de problemas de física. American Journal of Physics, 75,1017-1029.

Saputra H., S. A. (2020). Atitude do professor de física do professor pré-serviço em relação ao laboratório de física em Aceh. Jornal de Física: Conference Series, 1521(1). Retrieved from https://doi.org/10.1088/1742-6596/1521/2/022029

Schenkel, M. (2009). Impacto das atitudes dos alunos em relação à Física no desempenho em Física e na Física.

Science, A. A. (1990). Science for All Americans. Oxford University Press, Nova Iorque.

Spacey, J. (2021, 10 22). 80 Exemplos de uma Atitude Positiva. Recuperado de Siplicable: https://simplicable.com/en/positive-attitudes#:~:text=A%20positive%20attitude%20is%20a%20state%20of%20mind,A%20positive%20attitude%20tends%20to%20be%20more%20productive.

Susan Janssen, M. O. (2014). Desvendar os efeitos das atitudes e comportamentos dos estudantes no desempenho académico. Revista Internacional de Estudos sobre o Ensino e a Aprendizagem, 8: No.2; Artigo 7. Recuperado de https://doi.org/10.20429/ijsotl.2014.080207

Veloo, A. N. (2015). Atitude em relação à física e realização em matemática adicional em relação à realização em física. Estudos Internacionais de Educação, 8(3), 35-38.

Vilia, P. N. (2017, 6 28). Rendimento académico em físico-química: O efeito preditivo das atitudes e capacidades de raciocínio. Fronteiras em Psicologia, 8. doi: 10.3389 / fpsyg.2017.01064

Visser, Y. L. (2007). Convergência e divergência nas atitudes das crianças em relação às ciências e à educação científica. Estudos Internacionais de Educação.

Wehlage, G. R. (1989). Reduzir o risco: A escola como comunidade de apoio. Philadelphia: The Falmer Press.

Banco Mundial. (2018). Idade de entrada na escola: Duração e idades oficiais para o ciclo escolar. Grupo do Banco Mundial.

Zhou, M. B. (2017). Teorias cognitivas de aprendizagem: as necessidades de desenvolvimento profissional do académico. Teorias de aprendizagem educacional: segunda edição. (U. S. Georgia, Ed.) Obtido em https://oer.galileo.usg.edu/education-textbooks/1

Apêndices

Apêndice 1: Autorização de investigação para recolha de dados da Faculdade de Educação da Universidade do Ruanda.

COLLEGE OF EDUCATION

RESEARCH AND INNOVATION UNIT

Rukara, 16th May 2022
Ref.: 03/DRI-CE/076/EN/gi/2022

The Mayor
Rwamagana District
Eastern Province
Rwanda

Re: Research recommendation letter for Mr. Valens TUJYINAMA

I am pleased to introduce **Mr. Valens Tujyinama:** our postgraduate student in Master of Education in Physics Education at the African Centre of Excellence for Innovative Teaching and Learning Mathematics and Sciences (ACEITLMS). He is conducting research entitled: **"Accessing the impact of students' attitudes on their engagement and performance in physics at lower secondary schools in Rwamagana district."** This research will involve the Ordinary Level students, their physics teachers, and the Directors of Studies (DOS) from the selected secondary schools of Rwamagana district.

Mr. Tujyinama's research project passed through an internal collegial ethical process. Thus, the Directorate of Research and Innovation confirms that this research adheres to ethical standards and principles. Therefore, we kindly request you to accord him your cooperation in this research.

Your support to him in conducting this study is highly appreciated.

Yours sincerely,

COLLEGE OF EDUCATION – RESEARCH AND INNOVATION UNIT

Digitally signed by
UR (Rukara, Directorate of Research & Innovation)
Date: 2022.05.16
Time: 14:20:07 +2'00

Assoc. Prof. Eugene Ndabaga
Director of Research and Innovation
University of Rwanda-College of Education
E-mail: ndabagav@yahoo.ie
Mobile: +250788308862
Cc:

- Principal, UR-CE
- Director, ACEITLMS, UR-CE

EMAIL: dri.ce@ur.ac.rw P.O. Box: 55 Rwamagana WEBSITE: www.ur.ac.rw

Apêndice 2: Autorização de investigação para recolha de dados no distrito de Rwamagana

REPUBLIC OF RWANDA

Rwamagana 27/5/2022
Nº 1462/07/0.1

EASTERN PROVINCE
RWAMAGANA DISTRICT
P.O. BOX 24 RWAMAGANA

To TUJYINAMA Valens

Re: Response to your letter to carry out academic research

Dear,

Reference is made to your letter requesting the Permission to research the study entitled **"Accessing the impact of student attitudes on their engagement and performance at lower secondary schools in Rwamagana district"**;

I hereby allow you to carry out your research in Rwamagana District for the above-mentioned subject for academic purposes and therefore request you to share with us your research findings.

I wish you all the best.

Yours faithfully,

MBONYUMUVUNYI Radjab
Mayor of Rwamagana District.

Apêndice 3: Carta de consentimento do diretor da escola para solicitar a recolha de dados

Valens TUJYINAMA
Med student at ACEITLMS
UR-CE, Rukara campus
E-mail: valenstujyinama@gmail.com
Phone: 0786927556/0727862220
Date: 29/05/2022

To Headteacher
Location: Rwamagana district

Re: Consent letter

Sir/ Madam

I am a postgraduate student at the University of Rwanda College of Education, Rukara Campus (UR-CE). The African Centre for Excellence and Innovative in Teaching and Learning Mathematics and Science (ACEITLMS). Precisely in Master of Education in Physics Education. As a part of the academic requirement, I am conducting a research project entitled "accessing the impact of students' attitudes on their engagement and performance in physics at lower secondary schools in the Rwamagana district". You are kindly requested to share your knowledge and experiences to guide me in this study. Please, find an authorization permission letter from the Rwamagana district conducting this research in lower secondary schools located in the Rwamagana district.

I would like to inform you that all the information given will strictly be confidential and only meant for research purposes. No reference will be made to individuals or schools. No name shall be required from any respondent.

Faithfully yours,

Valens TUJYINAMA

Apêndice 4: Entrevista de resposta ou fixa dos alunos

Parte A: Uma entrevista fechada ou de respostas fixas para estudantes de nível inferior

Caro aluno,

Eu, Valens Tujyinama, estou a trabalhar num projeto intitulado "Avaliar o impacto da atitude dos alunos do ensino secundário inferior no seu empenho e desempenho na disciplina de física". Por favor, dê uma resposta genuína, assinalando a caixa e fornecendo mais informações, se necessário. Este estudo destina-se exclusivamente a fins académicos e as informações que fornecer serão mantidas confidenciais.

Secção 1: Informação demográfica dos inquiridos/estudantes

1. Escrever o nome da escola......................................
2. Qual é o seu género

   rapaz ☐ rapariga ☐

3. Seleccione a sua faixa etária

   <20 ☐ 20-25 ☐ 26-30 ☐

Secção 2. Percepções dos conhecimentos prévios e da experiência dos alunos com a disciplina de Física

Antes de entrar no primeiro ciclo do ensino secundário, ouviu falar de uma disciplina chamada Física? Quem lho disse?

a) o teu irmão ou irmã ☐
b) dos seus pais ou familiares ☐
c) redes sociais ☐
d) Outros ☐

1) Depois de saber que a Física é uma das ciências elementares que se espera que aprendas no primeiro ciclo do ensino secundário, qual foi o teu pensamento imediato sobre o tema (Física)?

   a) O que é que lhe disseram da primeira vez?

      i. É um tema difícil? ☐

      ii. É um tema interessante? ☐

   b) Senti-me como se fosse algo novo, vou aprender com essa lição e agora sinto-me normal. ☐

   c) A minha curiosidade era explorar a natureza e compreender muitos fenómenos que ocorriam à minha volta. ☐

   d) Qualquer outro (especificar)

      ....

2) Depois de ter entrado no primeiro ciclo do ensino secundário, aprendeu que a física é uma ciência natural que se ocupa do estudo da matéria e das forças naturais. Depois de perceber o que é que esta disciplina pretende que saiba e aborde. Tinha alguns conhecimentos e competências em física antes de entrar para a turma?

   a) **SIM** ou **NÃO**

   b) Em caso afirmativo (em cima), mencione como compreende as teorias e os conceitos da física que o ajudarão a resolver problemas da vida real

      ....

      ....

   c) Se **NÃO** (na alínea **b**), o que pretendia que este conceito não pudesse fazer por si?

      ....

      ....

   d) **Não tenho a certeza**

Secção 3: **Informação sobre a atitude dos estudantes em relação à aprendizagem da física**

	RESPOSTA DO ALUNO				
Declaração	concordo plenamente	concordar	Não concordo	Discordo totalmente	Não tenho a certeza
A aprendizagem da disciplina de física envolve muita memorização de factos, teorias e fórmulas que são difíceis de recordar, explicar e compreender.					
Os conceitos de física são discretos e não estão relacionados com as actividades do meu ambiente.					
Não tenho capacidade ou talento para ter sucesso na disciplina de Física.					
Nem todos podem ser bons em todas as disciplinas					
Sei que posso ter uma boa nota a Física se me esforçar muito.					
A Física está sempre entre as disciplinas com menor desempenho na nossa escola.					
Os insucessos anteriores nos exames da disciplina implicam que é muito difícil passar a física.					
Normalmente, a maioria dos alunos reprova na disciplina.					

<u>Secção 4</u>: <u>informações relativas ao envolvimento dos estudantes</u>

	RESPOSTA		
Declaração	sempre	Por vezes	Nunca
Certifico-me de que consigo realizar todas as actividades da aula, tais como trabalhos de casa, exercícios e trabalhos de grupo.			
Tenho de arranjar mais tempo para praticar ou fazer trabalho extra na disciplina de física			
Presto atenção quando um professor de física está a ensinar			
Sinto que estou a perder a aula, são aulas de física			
Trabalho arduamente para obter boas notas na disciplina de física.			
Os exercícios de física e os trabalhos de casa são aborrecidos e fazem-me perder muito tempo			
Leio para outra disciplina se o professor não vier para a aula ou se se atrasar.			
Quando recebo uma má nota em física, tento perceber onde é que errei.			
Quando estudo física, tento desenvolver a matéria com as minhas próprias palavras.			
Estou a fazer perguntas sobre física para mim próprio, para me certificar de que compreendi bem a matéria			
Resolvo vários problemas para me certificar de que compreendi a matéria.			
Fico nervosa quando começamos a trabalhar no novo tema			

Secção 5: Informação sobre os factores que melhoram o desempenho dos alunos

As experiências de aprendizagem nos nossos ambientes influenciam as atitudes dos alunos. Deve responder aos seguintes itens se estes tiveram um impacto no seu desempenho na disciplina de Física. Assinalar uma experiência ou ambiente de aprendizagem melhora a atitude de um aluno.

	RESPOSTA		
Declaração	**Sim**	**Não**	**Não tenho a certeza**
Um professor de física pode fazer com que se passe a física			
Os meus pais nunca foram bons em física			
Não faço qualquer esforço pessoal para melhorar			
Não tenho qualquer capacidade ou talento; o assunto é difícil.			
Os meus amigos detestam física			
É difícil passar a Física, sobretudo nesta escola			
Não tenho interesse futuro na física ou nas áreas relacionadas com a disciplina de física e posso fazer outras que não estão relacionadas com a disciplina de física; por conseguinte, posso fazer mais sem competências e conhecimentos de física.			

a) Se se classificar em termos de desempenho, a que categorias pertence? (Assinalar uma)

i. Muito bom ☐

ii. Bom ☐

iii. Média ☐

iv. Abaixo da médi ☐

b) Que nota obteve nos últimos exames ou testes a que se candidatou?

....

Secção 6: perceção dos alunos sobre o que deve ser feito para melhorar o empenho e o desempenho na disciplina de física

De acordo com a sua opinião, acha que pode ser feito algo de novo para melhorar o seu desempenho na disciplina de Física? **SIM OU NÃO**

c) Em caso afirmativo **(na** afirmação anterior), sugere cinco formas que, na tua opinião, podem fazer com que tenhas um melhor desempenho e empenho na disciplina de Física e que te podem ajudar a ter um bom desempenho nessa disciplina.

i. ....

ii. ....

iii. ....

iv. ....

v. ....

d) Em caso **negativo,** indique as razões pelas quais considera que não pode ser melhorado nessa matéria.

....

....

....

OBRIGADO PELA VOSSA PARTICIPAÇÃO!!!!!!!!!!!!!!

Apêndice 5: Entrevista fixa ou de resposta dos professores e dos DOS

Parte A: Entrevista fixa ou de resposta do professor de física e do DOS

Caro professor e diretor-adjunto responsável pelo estudo,

Eu, Valens Tujyinama, estou a estudar o impacto da atitude positiva no empenho e no desempenho dos alunos na disciplina de física. Por favor, dê uma resposta genuína, assinalando a caixa e fornecendo mais informações quando necessário. Este estudo destina-se exclusivamente a fins académicos e as informações aqui fornecidas serão mantidas confidenciais.

Secção 1: Informações demográficas dos inquiridos

1. Escrever o nome da escola......................................
2. Qual é o seu género

   Masculino ☐ Feminino ☐

3. Seleccione a sua faixa etária

   <20 ☐ 20-25 ☐ 26-30 ☐ 30-35 ☐ >35 ☐

Secção 3: Informação do parecer do professor de física/DOS

1) Como professor de física, como é que gosta de ensinar?

   Muito ☐ moderadamente ☐

   Muito pouco ☐ nem por isso ☐

2) Qual é a atitude geral dos seus alunos em relação à disciplina de Física?

   Muito positivo ☐ positivo ☐ negativo muito ☐ negativo ☐

3) Relativamente aos programas de Física de S1, S2 e S3. O conteúdo do programa de estudos é relevante para as necessidades da sociedade?

   Não relevante ☐ relevante ☐

De alguma forma relevante ☐ muito relevante ☐

4) O que é que os seus alunos gostam na disciplina de física?

Ensino ☐ Professor ☐ O conteúdo do assunto ☐

Qualquer outro (especificar)

....

....

5) Caso se aperceba de que os seus alunos não estão interessados na disciplina de física. O que é que faz?

Explicar-lhes a importância da física como disciplina científica ☐

Mudar o método de ensino e utilizar outro para os remotivar novamente ☐

Não fazer nada ☐

Outros (especificar)

....

....

Secção 4: <u>Métodos de ensino exigidos por um professor/DOS para melhorar o empenho e o desempenho dos alunos.</u>

1) Os seguintes métodos são utilizados para melhorar a aprendizagem da Física. A tabela abaixo ilustra vários métodos de ensino; como professor de física, indique um método que utiliza frequentemente durante o ensino.

Método de ensino	Nunca	Por vezes	frequentemente	Muito frequentemente	Sempre
Método de brainstorming					
Discussão em grupo/classe					
Trabalho de projeto					
Método centrado no professor					
Método de visita ao terreno					
Método centrado no aluno					
Jogo de papéis					
Trabalhos práticos					
Trabalho de estudo					
Outros (especificar)					

2) As estratégias abaixo indicadas são utilizadas para ajudar os alunos a compreender a física de forma mais eficaz. Seleccione as estratégias que utiliza frequentemente no ensino da disciplina de física e relacione-as com a forma como estão a ajudá-lo a melhorar a aprendizagem da disciplina pelos alunos.

A técnica que pode ser utilizada para melhorar a aprendizagem da física pelos alunos.	**nunca**	**Por vezes**	**frequentemente**	**Muito frequentemente**	**Sempre**
Utilizar comentários positivos					
Utilização de material didático					
Dar feedback frequente					
Prestar atenção individual					
Dar incentivos					
Conhecer os alunos pelo nome					
Outros (especificar)..........................					

3) De acordo com a sua opinião, acha que se pode fazer algo de novo para melhorar o empenho e o desempenho dos seus alunos na disciplina de física? **SIM OU NÃO**

   a. Em caso afirmativo (na afirmação anterior), sugere cinco formas que, na tua opinião, podem fazer com que o teu aluno tenha um bom desempenho na disciplina de física na tua escola e que te podem ajudar a ajudá-los a melhorar o desempenho dos alunos, especialmente em física.

      i. ....

      ii. ....

      iii. ....

      iv. ....

      v. ....

   b. Em caso **negativo,** indique as razões pelas quais considera que o desempenho dos seus alunos não pode ser melhorado na disciplina de física.

      ....

      ....

OBRIGADO PELA VOSSA PARTICIPAÇÃO!!!!!!!!!!!

Apêndice 6: Recibo digital do Turnitin para a dissertação

Valens Tujyinama Dissertation

ORIGINALITY REPORT

17%	13%	3%	12%
SIMILARITY INDEX	INTERNET SOURCES	PUBLICATIONS	STUDENT PAPERS

PRIMARY SOURCES

Apêndice 7: Acesso ao manuscrito publicado através do Journal of Research Innovation and Implication in Education (JRIIE)

Prof. Lazarus Ndiku Makewa

to me

Fri, 17 Feb, 19:28

Hi Valens. Please follow link to access your article. Congrats.

https://jriiejournal.com/assessing-the-impact-of-students-attitudes-on-their-engagement-and-performance-in-physics-at-lower-secondary-schools-in-rwamagana-district-rwanda/

Well received. Thanks a lot. Thank you very much.

Printed by Books on Demand GmbH, Norderstedt / Germany